U0185807

Prescriptive Analytics

The Final Frontier for Evidence-Based Management
and Optimal Decision Making

规范性分析

循证管理与最优决策

[美] 杜尔森·德伦　　著　杜焰　译
（Dursun Delen）

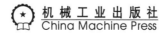

机械工业出版社
China Machine Press

图书在版编目（CIP）数据

规范性分析：循证管理与最优决策 /（美）杜尔森·德伦（Dursun Delen）著；杜焀译 . —北京：机械工业出版社，2022.12

（数据分析与决策技术丛书）

书名原文：Prescriptive Analytics: The Final Frontier for Evidence-Based Management and Optimal Decision Making

ISBN 978-7-111-71997-7

I. ①规… II. ①杜… ②杜… III. ①数据处理 IV. ① TP274

中国版本图书馆 CIP 数据核字（2022）第 211816 号

北京市版权局著作权合同登记　图字：01-2021-3397 号。

Authorized translation from the English language edition, entitled *Prescriptive Analytics: The Final Frontier for Evidence-Based Management and Optimal Decision Making*, ISBN: 978-0-13-4387055, by Dursun Delen, published by Pearson Education, Inc., Copyright © 2020 by Delen Dursun.

规范性分析：循证管理与最优决策

出版发行：机械工业出版社（北京市西城区百万庄大街 22 号　邮政编码：100037）

责任编辑：张秀华　　　　　　　　　　　责任校对：丁梦卓　　王　延

印　　刷：三河市宏达印刷有限公司　　　版　　次：2023 年 1 月第 1 版第 1 次印刷

开　　本：186mm×240mm　1/16　　　　印　　张：14.75

书　　号：ISBN 978-7-111-71997-7　　　定　　价：89.00 元

客服电话：（010）88361066　68326294

受更好、更快决策需求的推动，商业分析越来越受欢迎。一些著名的咨询公司预测，未来几年商业分析的增长速度将是其他业务增长速度的三倍。同时，它们还将分析列为近十年最重要的商业趋势之一。自 Thomas H. Davenport 和 Jeanne G. Harris 在 2007 年出版 *Competing on Analytics: The New Science of Winning* 一书以来，很多书籍和研究中都宣称，在战略上拥抱商业分析可以更好、更快地决策，从而提高客户的满意度，提升竞争优势，增加股东价值。因此，我们看到近年来各类企业和组织在基于分析的管理实践方面都有了大幅度增长。

在分析生态系统中，几乎所有供应商对商业分析都有自己的定义，即每个供应商都在有目的地关注硬件和软件功能的某种组合，这从总体上导致了更多的混乱。为了统一人们对"什么是商业分析"的理解，商业界和教育界共同开发了一种简单的分类法，将分析划分为三个递进的层次：描述性（诊断性）分析、预测性分析、规范性分析。本书主要介绍规范性分析，规范性分析是分析中最高层次的分析，也是最能"做出准确、及时决策"的分析。前两个层次的分析（描述性分析和预测性分析）侧重于从数据中发现和创造洞见，而规范性分析则侧重于做出最佳决策。基于描述性分析和预测性分析产生的洞见，规范性分析会识别、估计并比较所有可能的结果或备选方案，最终选择实现业务目标的最佳行动。

规范性分析和优化经常被当作同义词使用。一般来说，优化的意思是"改进"或"使某些结果更好"，然而在商业分析中，优化意味着经过验证的、找到最优解决方案的数学建模过程，即在遵守很多约束条件的同时，优化使用有限资源实现业务目标的过程。虽然至少在概念上，"优化"恰当地描述了规范性分析的目的，但是其实用性和通用性超越了包括模拟、多准则决策建模、启发式和推理式知识表示等优化，以及大数据、深度学习和认知计算等前景非常好的新兴技术。这些新趋势使得我们可以对即时且准确的行动方案有更丰富、更好的洞见。

目标读者

这本书是为那些有兴趣全面了解商业分析，特别是规范性分析的专业人士而写的，同时也适合相关专业本科生和研究生阅读，让他们在解释规范性分析作为商业分析中的顶层分析时能够很好地平衡理论与实践。本书旨在提供规范性分析的端到端的包罗万象的整体方法，不仅涵盖了优化和模拟，还包括多准则决策方法及推理式和启发式决策技术。本书增加了很多概念性插图、示例问题和解决方案，以及励志案例和成功故事。

本书内容

本书共 6 章。第 1 章概述商业分析及分析的纵向视图和简单分类，并介绍规范性分析所处的位置。这一章还对人类决策过程进行了全面描述。第 2 章介绍优化，并使用简单而实用的示例和应用案例描述不同类型的优化方法。第 3 章解释蒙特卡罗模拟、离散模拟和连续模拟等，在分析复杂系统以做出更好的决策时，它们是强大的工具。第 4 章介绍多准则决策及其简单分类，并展示实践中解决常见多准则问题的各种流行技术的示例。第 5 章介绍专家系统和基于案例的推理。这些成熟的决策技术正在对决策系统产生新的影响，在决策系统中，数据和专业知识协同作用，以支持决策过程。第 6 章介绍大数据、深度学习和认知计算等，这些是下一代自动化决策和规范性分析的前沿分析技术。

| 致谢 |

书通常是作者对特定主题的观点的反映。本书也不例外，它是作者 30 多年分析经验的体现，这些经验是通过大量研究项目、咨询活动、校内及专业教学、顾问工作以及研究生指导工作积累的。因此，在这里，我要感谢我的同事、客户和学生，感谢他们在我创建自己的分析知识库的过程中做出了贡献。

我还要感谢在情感和心理上给予我支持和鼓励的人们。特别要感谢 Hamide Delen、Musa Delen、Ceyhan Elibol、Erol Elibol、Leman Tomak、Yilmaz Tomak、Candan Bulmus、Inanc Elibol、Dincer Elibol、Erhan Sayin、Ali Mutlu、Ahmet Murat Fis、Selim Zaim、Enes Eryarsoy 和 Nihat Kasap。

我还要感谢 Pearson Education 的工作人员，正是他们的专业精神和奉献精神使本书得以出版——特别感谢 Debra Williams 和她的团队，感谢他们给予我帮助，并对本书细节进行把控。

作者简介

　　杜尔森·德伦（Dursun Delen）博士是工商管理专业威廉 S. 斯皮尔斯讲席教授、商业分析专业帕特森家族讲席教授、卫生系统创新中心研究主任、俄克拉荷马州立大学斯皮尔斯商学院管理科学和信息系统专业杰出教授。他于 1997 年获得俄克拉荷马州立大学工业工程与管理博士学位。在 2001 年担任俄克拉荷马州立大学的助理教授之前，他曾在得克萨斯州大学城的一家私营研究和咨询公司——Knowledge Based Systems Inc. 担任了 5 年的研究科学家。在此期间，他主导了多个由 DoD、NASA、NIST 和 DoE 等美国联邦机构资助的决策支持、信息系统和高级分析相关的研究项目。

　　德伦博士为各公司和政府机构提供分析和信息系统相关主题的专业教育和咨询服务。

　　他经常受邀参加各种会议，就数据 / 文本挖掘、商务智能、决策支持系统、商业分析和知识管理等主题进行特邀演讲和主题演讲。他曾担任在韩国首尔举行的第四届网络计算和高级信息管理国际会议的联席主席，并定期在各种商业分析和信息系统会议上主持专题和子专题会议。

他已经发表了150多篇经同行评审的论文。他的研究成果发表在 *Decision Sciences*、*Decision Support Systems*、*Communications of the ACM*、*Computers and Operations Research*、*Computers in Industry*、*Journal of Production Operations Management*、*Artificial Intelligence in Medicine* 和 *Expert Systems with Applications* 等期刊上。近年来，他在商业分析、决策支持系统、数据/文本挖掘和商务智能等领域中编写或与他人合著了十多本专著或教材。

他是 *Journal of Business Analytics*、*AI in Business* 和 *International Journal of Experimental Algorithms* 的主编，*Decision Support Systems and Decision Sciences* 的高级编辑，*Journal of Business Research*、*Decision Analytics* 和 *International Journal of RF Technologies* 的副主编，以及其他学术期刊的编委会成员。

目录

第 1 章

商业分析和决策导论

商业分析（Business Analytics）是一个比较新的词。商业分析在商业世界中越来越受欢迎。在深入研究商业分析以及规范性分析之前，首先定义商业分析及其层次结构与管理决策的关系是有益的。规范性分析在商业分析的层次结构中最接近决策阶段，也是本书关注的重点。在大多数情况下，**商业分析**是一门艺术和科学，它使用复杂的机器学习、数学和统计模型从大量种类繁多的数据中识别或发现新的见解，以支持更准确、更及时的管理决策。因此，在某种意义上，商业分析就是围绕决策和问题解决展开的。现在，商业分析可以简单地表述为"在数据中发现有意义的可行洞见的过程"。

1.1 数据和商业分析

因为我们生活在一个数据时代，所以商业分析的定义主要集中在数据上——从组织内外不断流入的、数量众多且种类繁多的数字化数据。图 1.1 所示的是通过对数据进行系统化、科学化转换来创建信息和知识的过程。各种结构化数据和非结构化数据通过称为**数据分析**（Data Analytics）的科学过程被转化为知识和智慧。

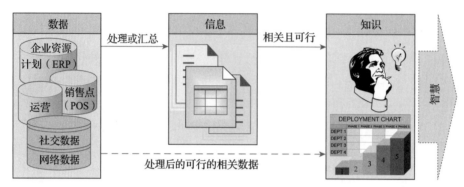

图 1.1　将数据转化为信息、知识和智慧的过程

　　虽然当前的分析定义主要关注数据，但是也有很多分析项目只涉及少量数据，甚至根本不涉及数据。相反，这些分析项目使用依赖过程描述和专家知识的数学模型（如优化和模拟模型、专家系统及多准则决策建模方法等，本书的后续章节将详细介绍这些方法）。

　　商业分析应用分析模型以及方法、工具和技术来解决非常复杂的业务问题。组织通常将分析应用于大量数据，通过描述（更好地了解内部因素）、预测（预见未来的趋势）和规定（寻找可能的最佳行动方案）来提高业务绩效。已经证明，分析可以在以下方面为企业提供帮助：

- ❑ 改善公司与客户（包括获取、留存和充实等客户关系管理的各个阶段）、员工和其他利益相关者之间的关系。
- ❑ 识别欺诈交易和异常行为，为企业节省资金。
- ❑ 增强产品和服务的特色并提高其定价，以提高客户满意度和盈利能力。
- ❑ 优化营销和广告活动，以最少的花费，用正确的信息和促销活动吸引更多客户。
- ❑ 优化库存管理并通过优化和模拟建模在正确的时间将资源分配到正确的地点，以最大限度地减少运营成本。
- ❑ 为员工提供能够帮助他们在面对客户或客户相关问题时做出更快、更好决策所需的信息和洞见。

或许是因为"分析"作为流行词正在迅速传播，所以人们正在用它取代"智能"(Intelligence)、"挖掘"(Mining) 和"发现"(Discovery) 等先前的流行词。例如，"商务智能"(Business Intelligence) 变成了"商业分析"(Business Analytics)，"客户智能"(Customer Intelligence) 变成了"客户分析"(Customer Analytics)，"网络挖掘"(Web Mining) 变成了"网络分析"(Web Analytics)，"知识发现"(Knowledge Discovery) 变成了"数据分析"(Data Analytics)。因为现代分析可能需要进行大量计算（由于数据——大数据——的数量、多样性和速度[⊖]），所以用于分析项目的费用、技术和算法利用了管理科学、计算机科学、统计学、数据科学、计算语言学和数学等领域开发的最新、最先进方法。

如前所述，分析围绕问题解决和决策展开。为了更好地理解商业分析的动机并进一步突出其在管理决策中的作用，我们将在 1.2 节用引用得最多的一个决策理论来简要讨论人类的决策过程。

1.2　人类决策过程概述

在最基础的层面上，决策是为了实现一个或多个目标而在两个或多个备选行动方案中做选择的过程。由于与商业分析相关，因此备选解决方案通常是通过数据收集和信息创建的过程，由分析中的描述性分析和预测性分析生成的。此外，最佳备选解决方案是通过规范性分析确定的。管理决策是整个管理过程的同义词。例如，考虑包含应当在何时、何地做什么，为什么要做，如何做，以及由谁来做等一系列决策的计划这项关键管理功能，计划过程中的每个阶段都涉及管理决策，而所做决策的总体准确性或最优性决定了所获得结果的价值。

问题解决和决策是同义词吗？当系统没有实现既定目标，未能产生预期或预测的结果或者没有按照计划运行时就会出现问题。机会也有可能被认为是问题，如果得不到及时利用，那么就很可能会被他人利用，从而引发更大的问题。通常，我们可以认为决策是问题解决过程中的一个步骤。也就是说，区分问题解决和决

⊖　既指数据的生成速度，也指数据的处理速度。——译者注

策的一种方法是检查决策过程中的各个阶段：情报、设计、选择、实施。有些人认为整个过程是问题解决，选择阶段是真正的决策。其他人将前3个阶段视为正式决策，决策最终给出建议，而问题解决还包括建议的实际实施。需要注意的是，问题可能是需要个人决定利用哪个机会。在本书中，我们会交替使用问题解决和决策这两个词。

人们曾多次尝试描述人类决策过程。虽然每个人都会根据生活经历采用一组在逻辑上有序的步骤来识别和解决问题并做出决策，但是常识表明，人类决策应当有通用的方法。或许这种通用方法并不是细节层面上的，而是处于较高的概念化层面。在已经提出的相关理论中，文献（Newell & Simon，1972）和文献（Simon，1982）中所提出的理论领先于其他理论，并经历了过去50多年的检验。赫伯特·亚历山大·西蒙（Herbert Alexander Simon，1916—2001年）是美国经济学家和政治学家，他的主要兴趣在于组织中人的决策过程。他在1978年获得了诺贝尔经济学奖，在1975年获得了图灵奖。从1949年到2001年，他的大部分职业生涯都是在卡内基梅隆大学（Carnegie Mellon University）度过的。

西蒙的决策理论

虽然在历史上，决策被看作一种创造性的、经验驱动的特殊实践，但是现在它普遍被认为是一种系统性的、证据驱动的科学过程。因此，为了增加获得最佳结果的可能性，建议决策者遵循标准化且符合系统性的逻辑决策过程。西蒙认为这样的系统性过程包括三个阶段：情报、设计和选择（Simon，1977）。后来，他又增加了第四个阶段：实施。监控可以被看作第五个阶段，即某种形式的反馈。但是，我们将监控视为应用于实施阶段输出的情报阶段。人们普遍认为西蒙的模型是对理性决策最简洁但最完整的描述。图1.2所示的为西蒙提出的决策过程的概念图。

虽然从情报到设计以及从设计到选择有连续的活动流，但是在任何阶段都可能返回到前一阶段——反馈，以便进行验证、确认和改进。在问题发现经由决策到方案开发和实施的偶然路径中，看似复杂的性质可以由通过这些反馈回路实现的持续改进来解释。以下是对这个决策过程中各个阶段的简要说明。

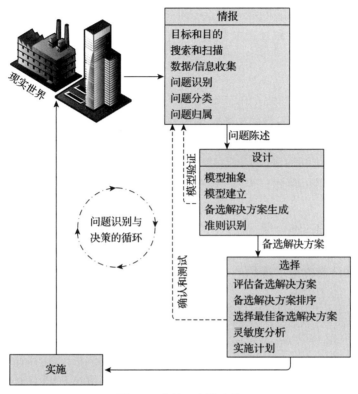

图 1.2　决策 / 建模过程

阶段 1：情报

决策过程中的情报阶段涉及间歇性或连续性的环境扫描。它包含一些旨在识别问题情况或机会的活动。它还可能包括监控先前已完成决策过程的实施阶段的结果。

问题（或机会）识别。在情报阶段，先确定与所关心的问题相关的组织愿景和目标，例如库存管理、岗位选择、网络临场感缺乏或错误，并确定这些愿景和目标是否得到了满足。问题产生于对现状的不满。之所以对现状不满，是因为人们所期望的事情与正在发生的事情之间存在差异。在第一个阶段，决策者试图确定是否存在问题，识别问题的表面现象，确定其严重程度并明确定义问题。通常，人们会将问题的现象（如成本过高）或问题的衡量标准（如不当的库存水平）认为是问题。因为现实世界的问题通常会被很多相互关联的因素复杂化，所以有时很难区分问题的表面现象和真正的问题。在研究表面现象的过程中可能会发现新的机会和问题。

可以通过监控和分析组织的生产力水平来确定问题是否存在。生产力的测量和模型的构建应当基于真实数据。数据的收集和未来数据的估计是分析中最困难的步骤之一。以下是一些可能会在数据收集和估计过程中出现并困扰决策者的问题：

- ❑ 数据不可用。因此，模型是使用可能不准确的估计结果建立的，并依赖于这些估计。
- ❑ 获取数据的成本可能很高昂。
- ❑ 数据可能不够准确。
- ❑ 数据估计通常是主观的。
- ❑ 数据可能不安全。
- ❑ 影响结果的重要数据可能是定性的（软性的）。
- ❑ 数据可能过多，从而导致信息过载。
- ❑ 结果可能会在很长一段时间内产生。因此，需要在不同的时间点记录收入、费用和利润。为了克服这个困难，如果结果是可量化的，那么可以使用现值法。
- ❑ 假设未来数据将与历史数据相似。如果情况并非如此，那么必须预测变化的性质并在分析中考虑这一点。

在完成初步研究之后，就可以确定问题是否真的存在，在什么地方，以及重要性如何。一个关键问题是信息系统报告的是问题，还是只是问题的表面现象。例如，在"销售额下降"的案例中存在问题，但是销售额下降是表面现象，表明真的存在问题。必须识别真正的问题，而不是问题的表面现象，这样才能解决问题并创造真正的商业价值。

问题分类。问题分类是将问题概念化，以便将其置于可定义的类别中，这样可能得到标准的解决方法。根据问题中结构化的明显程度对问题进行分类是一种重要方法。问题中结构化的明显程度可以分为从完全结构化或程序化到完全非结构化或非程序化。

问题分解。很多复杂问题都可以分解为多个子问题。解决更简单的子问题可能有助于解决复杂问题。此外，看似结构不佳的问题有时会有高度结构化的子问题。正如当决策的某些阶段是结构化的而其他阶段是非结构化的时候会产生半结构化的问题，当决策问题的某些子问题是结构化的而其他子问题是非结构化的时候，问题本身就是半结构化的。问题分解还有助于决策者之间沟通。分解是层次分析法（详见第 4 章）中最重要的一个方面，它帮助决策者将定性和定量因素纳入决策过程中。

问题归属。在情报阶段，确定问题归属很重要。只有当某个人或某个群体承担起解决问题的责任而且组织有能力解决问题时，组织中才会存在问题。解决问题的权力的分配称为**问题归属**。例如，因为利率太高了，所以经理可能会觉得有问题。利率水平是由国家和国际层面决定的，大多数管理者对此无能为力，所以高利率是政府要解决的问题，而不是某个企业要解决的问题。实际上，企业面临的问题是如何在高利率环境中运营。对于单个企业来说，利率水平应当作为一个要预测的不可控的（环境）因素。在问题归属尚未明确时，可能是某个人没有完成工作，也可能是尚未确定手头问题归属何人。因此，重要的是要有人自愿承担这个问题的解决任务或者将其分配给某个人。情报阶段以正式的问题陈述结束。

阶段 2：设计

设计阶段涉及寻找或开发和分析可能的行动方案，其中包括了解问题和测试方案的可行性以及构建、测试与验证决策问题的模型。建模涉及将问题概念化并抽象为定量或定性的形式。对于数学模型，要识别其中的变量并建立变量之间的相互关系。在必要时，需要通过假设对模型进行简化。例如，即使在现实中可能存在一些非线性效应，也可以假设两个变量之间的关系是线性的。基于成本效益权衡，模型简化的程度与现实的表示之间必须取得适当的平衡。模型越简单，开发成本就越低，操作也会越容易，解决方案也会越快，但是，对真实问题的代表性会越差，而且也会产生不准确的结果。然而，模型越简单，通常需要的数据越少，也更容易获得聚合数据。

建模的过程是艺术和科学的结合。作为科学，建模过程中有很多标准模型类可用。通过实践，分析师可以确定哪个模型适用于给定的情况。作为艺术，在确定哪些简化假设可行，如何组合模型类的恰当特征以及如何集成模型以获得有效解决方案时，都需要创造力和技巧。

选择的原则。选择的原则是描述解决方案方法可接受性的准则。在模型中，选择的原则是结果变量。选取选择的原则不属于选择阶段，而是涉及一个人建立决策目标并将目标纳入模型的方式。我们更愿意承担高风险，还是更喜欢风险低的方法？我们是在尝试优化还是获得满足？认识到准则与约束的区别也很重要。

准则与约束的区别

很多刚开始学习决策的人都会在无意中混淆准则和约束的概念。通常，这是因为准则可能隐式或显式地包含了约束的含义，使得二者更容易混淆。例如，可能存在决策者不想离家太远的距离准则。这里存在一个隐含的约束条件——备选方案必须满足与他家的距离在一定范围内。这个约束有效地表明，如果离家的距离大于某个值，那么备选方案就是不可行的——到备选方案的距离必须小于或等于某个数（这在某些模型中是正式关系。在这个案例的模型中，考虑到选择更少，这种关系减少了搜索的次数）。这与在选择大学时发生的情况是类似的。大多数人不会考虑离家超过一天车程的学校。事实上，距离的效用函数（准则的值）可以从在距离家很近时的低点开始，在大约70英里（约100公里）处达到峰值——如亚特兰大（家）与佐治亚州雅典之间的距离，之后便急剧下降。简而言之，约束有助于定义可行解空间，而准则则有助于对可行解进行排序并选出最佳可行解。

规范性模型。规范性模型是指模型中选中的备选解决方案是所有可能的备选解决方案中可证明的最佳备选解决方案的模型。为了找到规范性模型，决策者应当检查所有备选解决方案并证明所选备选解决方案确实是最好的，也确实是人们通常想要的。这个过程基本上就是**优化**。在操作方面，优化可以通过以下三种方式实现：

❑ 从给定的资源中获得最高水平的目标实现。例如，如果投资1000万美元，哪个备选解决方案能够获得最大利润？

- 找到目标实现与成本比率（每美元投资的利润）最高或者最大限度地提高生产力的备选方案。
- 找到满足可接受的目标水平且成本最低（或耗费其他资源最少）的备选方案。例如，如果你的任务是为具有最小带宽的内联网选择硬件，那么哪个备选方案能够以最低的成本实现这个目标？

规范性决策理论基于以下关于理性决策者的假设：

- 人是经济人，其目标是尽可能实现目标。决策者是理性的。换言之，好事（收入、乐趣）越多越好，坏事（成本、痛苦）越少越好。
- 对于某种决策情况，所有可行备选行动方案及其后果或者至少后果的概率和价值都是已知的。
- 决策者分析结果的合意性存在顺序或偏好，从而使他们能够对所有分析结果的合意性从最好到最坏排序。

决策者真的是理性的吗？有关理性决策中的反常情况，请参阅文献（Schwartz，2005）。虽然在金融和经济行为的假定理性中可能存在严重反常现象，但是我们认为这些反常现象可能是由能力不足、知识缺乏、多目标构建不充分、对决策者真实预期效用的误解以及时间和压力造成的。

决策者真的是理性的吗?

　　一些研究人员质疑决策中的理性概念。在现实世界和实验环境中的决策中都存在无数个人和群体的非理性行为案例。例如，假设你每天早晨需要乘坐公共汽车上班，而公共汽车在早晨 7:00 发车。如果起床、准备上班和到达公共汽车站需要一个小时，那么应该在早晨 6:00 或 6:00 之前起床。然而，有时你可能会睡到 6:30，并知道自己会错过早餐并可能在工作上表现不佳。你可能会迟一些，在 7:05 才到达公共汽车站，那时你可能希望公共汽车也晚一些到。所以，为什么会迟到呢？多重目标和希望达到的目标水平可能导致上述情况的出现。或者，你对"准时"的真正期望可能只是希望你在大多数早晨回去睡觉！

次优化。根据定义，因为在一个领域中所做的决策可能会对其他领域产生重大影响，所以优化要求决策者考虑每个备选行动方案对整个组织的影响。例如，考虑实现电子商务（E-commerce）站点的营销部门。在几个小时之内，收到的订单就远远超过了产能。自行计划进度的生产部门无法满足需求。生产部门可能会为尽可能高的需求做好准备。理想情况下，生产部门应当只生产少数产品并使每种产品的生产数量最大化，以最大限度地降低制造成本。然而，这样的计划可能会导致大量的库存和由于缺乏产品多样性而导致的营销困难，特别是当客户开始取消未能及时满足的订单时。这种情况说明了决策的顺序性。

从系统视角出发可以评估每个决策对整个系统的影响。因此，营销部门应当和其他部门共同制定计划。然而，这种方法可能涉及成本高昂且耗时的复杂分析。在实践中，信息构建者可能会在很窄的边界内关闭系统，只考虑所研究的组织部分（在本例中是营销部门或生产部门）。通过简化，模型中不会包含某些描述与其他部门交互的复杂关系。其他部门可以聚合成简单的模型组件。这种方法称为**次优化**（Suboptimization）。

如果组织的某个部分中做出了次优决策，而没有考虑其他部分的细节，那么从这个部分的视角来看，其最优解决方案对于整体而言可能是次优的。然而，次优化可能仍然是一种实用的决策方法，很多问题都可以从这个角度入手。只需要分析系统的一部分，无须纠缠于太多细节，就可以得出初步的结论（通常也是可用的结果）。提出方案以后，就可以测试其对组织其他部门的潜在影响。如果没有发现明显的负面影响，那么就可以实施这个解决方案。

当在特定问题建模中使用了简化假设时，也可以应用次优化。由于可能无法在特定的决策情况中考虑太多细节或太多数据，因此无法在模型中使用这些细节或数据。如果模型的解决方案看似合理，那么这个解决方案可能会因对问题有效而被采用。次优化还可能涉及通过考虑较少的准则、备选方案或者消除大部分待评估的问题来简单地（通过启发式方法）限制对最优值的搜索。如果解决一个问题需要花费的时间太长，那么可以使用已经找到的足够好的解决方案并终止优化。

足够好还是令人满意？

　　根据文献（Simon，1977），大部分人类决策——无论是组织的还是个人的，都涉及接受令人满意（即"不是最好的"）的解决方案的意愿。当追求令人满意（Satisficing）的方案时，决策者会先设定愿望、目标或期望的绩效水平，然后再寻找备选方案，直到找到满足既定水平的备选方案。选择令人满意的备选方案的原因通常包括时间压力（如决策可能会随时间推移而失去价值），无法实现优化（如求解某些模型需要的时间可能要比太阳成为超新星的时间更长），以及认识到好的解决方案的边际收益不及为实现它而付出的边际成本。在这种情况下，决策者的行为是理性的，尽管决策者给出的方案实际上是令人满意的，而不是最优的。在本质上，"令人满意"是次优化的一种形式。虽然可能存在最优解决方案和最优值，但是很难实现。使用规范性模型可能需要进行太多计算，而使用描述性模型则可能无法评估所有备选方案集合。

　　有限理性。与"令人满意"理念相关的是西蒙的有限理性（Bounded Rationality）思想。人类的理性思考能力有限。他们通常会通过考虑比实际存在的更少的备选方案、准则或约束来构建和分析实际情况的简化模型。相对于简化模型，他们的行为可能是理性的。然而，简化模型的合理解决方案对于现实世界问题可能并不合理。理性不仅受限于人的处理能力，还受限于年龄、教育水平、知识和态度等个体差异。有限理性也是很多模型是描述性的而非规范性的原因。这也可以解释为什么如此多的优秀管理者会依靠直觉进行决策，这是良好决策很重要的一个方面（Stewart，2002；Pauly，2004）。

　　因为理性和规范性模型的使用会产生好的决策，所以人们自然会问为什么实践中会有这么多错误的决策。直觉是决策者用来解决非结构化和半结构化问题的关键要素。优秀的决策者认识到获取更多信息和分析的边际成本与做出更好决策所带来的收益之间存在权衡取舍。但是有时必须迅速做出决定，而且在理想情况下需要具备经验丰富的优秀决策者的直觉。当缺少足够的计划、资金、信息，或者当决策者缺乏经验或训练不足时，灾难就可能会降临。

开发（生成）备选方案。模型构建过程中的一个重要部分是生成备选方案。在优化模型（如线性规划）中可能会自动生成备选方案。然而在大多数决策情况中必须手动生成备选方案。这可能是一个涉及搜索和创造力的漫长过程，可能需要利用群体支持系统（Group Support System，GSS）中的电子头脑风暴。这个过程可能需要耗费很多时间和金钱。何时停止生成备选方案等问题可能很重要。过多的备选方案可能不利于决策过程。决策者会受信息过载的困扰。生成备选方案不仅在很大程度上取决于信息的可用性和成本，而且需要问题领域的专业知识。这是问题解决中最难以被形式化的方面。我们可以使用启发式方法来生成和评估备选方案。基于 Web 的群体支持系统中的电子头脑风暴软件可以支持个人或群体生成备选方案。值得注意的是，备选方案的搜索通常发生在选定备选方案的评估准则之后。虽然这种顺序可以简化备选方案的搜索并减少评估备选方案所涉及的工作，但是确定潜在的备选方案有时有助于确定评估准则。必须确定每个提出的备选方案的结果。根据决策问题是确定的、有风险的还是不确定的，可以使用不同的建模方法。

测量结果。备选方案的价值是根据目标实现情况来评估的。有时，结果是直接由目标来表示的，例如，利润是结果，利润最大化是目标，两者都是用美元作为单位的。诸如客户满意度的结果可以通过投诉数量、对产品的忠诚度水平或者由问卷调查得到的评级来测量。理想情况下，决策者希望处理单个目标。但是在实践中，有多个目标的情况并不罕见。在群体做决策时，每个群体的参与者都可能有不同的目标。例如，高管可能希望利润最大化，营销部门可能希望最大化市场渗透，运营部门可能希望最小化成本，而股东则可能希望最大化底线。通常这些目标是冲突的。因此，人们开发了特殊的多准则方法来处理这个问题。**层次分析法**就是这样一种方法，详见第 4 章。

风险。所有决策都是在本质上不稳定的环境中做出的。这是由于在经济环境和物理环境中发生了太多不可预测的事件。一些风险（用概率来测量）可能是由内部的组织事件（如重要员工辞职或生病）引发的；有些风险则可能是自然灾害（如飓风）导致的。除了造成人员伤亡之外，卡特里娜飓风带来的经济影响之一是每加仑汽油的价格一夜之间翻了一番（因为美国南部港口的容量、炼油功能和管道具有不稳定性）。面对这种不稳定性，决策者能做什么呢？

通常，人们无法对不确定性和风险做出很好的度量。人们往往过于自信，有能够控制决策的错觉。这或许可以解释为什么人们经常觉得再玩一次老虎机就肯定会有回报。

然而，确实有处理极端不确定性的方法。除了估计特定决策结果的潜在效用或价值，优秀的决策者还能够准确估计与做每个决策的结果相关的风险。因此，决策者的一项重要任务是确定与所考虑的每个潜在备选方案相关的结果的风险水平。某些决策可能会导致不可接受的风险，因此可以立刻放弃或忽略。

在某些情况下，人们仅仅因为假设环境是稳定的，就假设某些决策是在确定的条件下做出的。其他决策是在不确定的条件下做出的，其中风险是未知的。尽管如此，优秀的决策者仍然可以对风险进行有效估计。此外，开发商务智能／决策支持系统（Business Intelligence/Decision Support System，BI/DSS）的过程需要了解更多情况，从而更准确地评估风险。

场景。场景（Scenario）是在给定时间关于特定系统操作环境假设的陈述，也就是说，场景是对决策情境设置的叙述性描述。场景描述了特定建模情况的决策、不可控变量和参数。它还能够为建模提供程序和约束。

"场景"一词起源于剧院。后来人们借用这个词来描述战争游戏和大规模模拟。场景规划和分析是一种群体决策支持工具，可以获得各种可能性。经理可以构建一系列场景或假设案例进行计算机分析，并在分析时了解更多有关系统和决策问题的信息。理想情况下，经理可以为问题的模型找到可能的最佳解决方案。

场景在模拟和假设分析中特别有用。在这两种情况下，我们都会改变场景并检查结果。例如，我们可以改变住院的预期需求（规划的输入变量），从而创建一个新的场景，然后，测量医院在每种场景下的预期现金流。

场景在管理支持系统（Management Support System，MSS）中发挥着重要作用，因为它具有以下作用：

❑ 帮助识别机会和问题领域。

❑ 提供规划的灵活性。
❑ 确定管理层应监控的变革前沿。
❑ 帮助验证主要建模假设。
❑ 使决策者能够通过模型探索系统的行为。
❑ 帮助检查所提方案对由场景描述的环境变化的敏感性。

每种决策情况都可能有数千种可能的场景。但是以下场景在实践中特别有用：

❑ 最差的可能场景。
❑ 最好的可能场景。
❑ 最可能的场景。
❑ 平均场景。

决策中的错误。虽然模型是决策过程中的关键组成部分，但是决策者在模型的开发和使用过程中可能会犯一些错误。在使用模型之前对其进行验证至关重要。以适当的精确度和准确度收集适量的信息并将其纳入决策过程也很关键。文献（Sawyer，1999）描述了"决策的七宗罪"，其中大部分与行为或信息相关。

阶段 3：选择

选择是决策的关键行动。选择阶段是做出实际决策和遵循特定行动方案承诺的阶段。因为某些活动可以同时在设计阶段和选择阶段进行，而且决策者可以经常从选择活动返回到设计活动（如在评价现有备选方案的同时生成新的备选方案），所以这两个阶段之间的界限通常是不明确的。选择阶段包括为模型搜索、评价和推荐适当的解决方案。模型的解决方案是选定备选方案中决策变量值的一个特定集合。

值得注意的是，求解模型与求解模型所代表的问题是不同的。模型的解决方案会给出问题的推荐解决方案。只有推荐的解决方案成功实施后，才能认为问题已被解决。

求解决策模型涉及搜索恰当的行动方案。搜索方法包括分析方法（求解公式）、算法（一步一步的程序）、启发式方法（经验法则）和盲搜（在黑暗中搜索，理想情况下以合乎逻辑的方式进行）。

必须对每个备选方案进行评估。如果备选方案有多个目标，那么必须检查和权衡每个目标。**灵敏度分析**可以确定任意给定备选方案的稳健性。理想情况下，参数的微小变化应该会引起所选备选方案的微小变化或者不引起所选备选方案的变化。**假设分析**可以探索参数的主要变化。目标追寻可以帮助管理者确定决策变量的取值，以满足特定目标。

阶段 4：实施

在《君主论》（*The Prince*）中，马基雅维利（Machiavelli）在大约 500 年前敏锐地指出："没有什么是比开启事物的新秩序更困难、更不可能成功且更危险的了。"实施某问题的解决方案本质上是开启事物的新秩序或者引入变革。人们必须管理变革，必须将用户期望作为变革管理的一部分进行管理。

因为实施不仅是一个漫长而复杂过程，而且边界模糊，所以实施的定义有些复杂。简而言之，实施阶段涉及将推荐的解决方案付诸实施，而不一定是实施计算机系统。在处理管理决策时，对变革的抵制、高管的支持程度和用户培训等很多通用的实施问题都很重要。

🧑 1.3 商业分析概述

1.3.1 为什么分析会突然流行起来

分析是当今商界的一个流行词。无论看什么商业期刊或杂志，都很可能会看到关于分析以及分析如何改变管理决策方式的文章。它已经成为循证管理（证据或数据驱动的决策）的新标签。但是，问题是为什么分析会变得如此流行？为什么是现在？其背后的原因（或力量）可以分为需求、可用性和可负担性以及文化改变三类。

❑ **需求。**众所周知，当今的商业并非"一如既往"。以前，竞争的特征是由地方性的逐渐变成区域性的和全国性的，现在的竞争是全球性的。大型、中型和小型企业都面临着全球竞争的压力。在各自的地理范围内保护公司的关税和运输成本的壁垒不再具备像先前那样的保护作用。此外，也许是因为全球竞争，客户的要求也变得越来越高。他们想要在最短的时间内以最低的价格获得最高质量的产品和服务。企业的成功或者仅仅是生存都有赖于它们是否变得敏捷以及它们的管理者是否能够及时做出可能的最佳决策以响应市场驱动的力量（即迅速识别和解决问题并利用机会）。因此，现在比以往任何时候都更需要基于事实的、更好且更快的决策。在这种严苛的市场环境中，分析有望为管理者提供做出更好、更快决策所需的洞见，从而帮助他们提高企业在市场中的竞争地位。现在，分析被广泛地认为是帮助企业管理者从复杂的全球商业实践中解脱出来的救星。

❑ **可用性和可负担性**。近年来，由于技术的进步和软硬件的可负担性，组织正在收集大量的数据。基于各种传感器和射频识别（Radio Frequency IDentification，RFID）的自动数据收集系统显著地增加了组织数据的数量并提高了组织数据的质量。再加上从社交网络和媒体等基于互联网的技术收集到的内容丰富的数据，企业现在往往拥有超出其处理能力的数据。俗话说："他们淹没在数据中，但是却渴求知识。"除了数据收集技术之外，数据处理技术也有了显著的进步。拥有大量处理器和大容量内存的机器使得在合理的时间范围内或者实时处理大量复杂数据成为可能。软硬件技术的进步也体现在价格上，这类系统的成本在持续下降。除了所有权模式之外，我们现在还有软件（或硬件）即服务的商业模式，它使得企业——特别是财务能力有限的中小企业——能够租用分析功能并只为它们使用的东西付费。

❑ **文化改变**。在组织层面，老式的直觉驱动的决策已经转变为新时代的基于事实和证据的决策。大多数成功的组织都在有意识地转向数据和证据驱动的商业实践。由于数据的可用性和 IT 基础设施的支持，这种范式转换的速度比很多人想象的要快。随着新一代精通量化的管理者取代了婴儿潮一代，这种基于证据的管理范式的转变只会加剧。

1.3.2 分析的应用领域有哪些

虽然商业分析是一股新的浪潮，但是其应用几乎涵盖了商业实践的各个方面。

例如，在客户关系管理（Customer Relationship Management，CRM）中，很多成功故事都讲述了如何开发复杂的模型来识别新客户，寻找追加销售或交叉销售的机会，以及找到容易流失的客户。使用社交媒体分析和情感分析，企业正在试图了解人们对其产品、服务和品牌的评价。欺诈检测、风险缓解、产品定价、营销活动优化、财务规划、员工保留、人才招聘和精算估算都是分析的商业应用。几乎很难找到没有应用分析的业务问题。从业务报告到数据仓库，从数据挖掘到优化，分析技术几乎广泛地应用到了商业的方方面面。

1.3.3 分析的主要挑战是什么

分析的优势和支持原因是显而易见的，但是仍然有很多企业对是否要加入分析潮流犹豫不决。虽然它们可能都有各自的特定原因，但是总体来看，采纳分析的主要障碍包括下列几个方面：

□ **分析人才**。数据科学家，即当今很多人所说的能够将数据转化为可行洞见的量化人才，在市场上很少见。真正优秀的数据科学家很难找到。由于分析是相对较新的科学，因此分析人才还在培养中。很多大学已经开设了旨在解决分析人才缺口的本科和研究生课程。随着分析的日益普及，对那些拥有将"大数据"转化为信息和知识的知识和技能的人才的需求也将增加。这些信息和知识是管理者和其他决策者应对现实世界复杂性所需的。

□ **文化**。俗话说："积习难改。"从传统管理风格（通常以直觉作为决策的基础）到现代管理风格（基于数据和科学模型的管理决策和集体组织知识）的转变对任何组织来说都不容易。人们不喜欢改变。改变意味着丢弃过去所学或所掌握的东西，重新学习如何去做要做的事情，也意味着多年积累的知识（又称力量）将会被丢弃或部分丢弃。在采用分析作为新的管理范式时，文化的转变可能是最困难的部分。

□ **投资回报**。采纳分析的另一个障碍是很难清楚地证明其投资回报（Return On Investment，ROI）。因为分析项目很复杂，需要付出很多努力，且其回报不是立竿见影的，所以很多高管都很难对分析进行投资，特别是大规模投资。人们必须回答"从分析中获得的价值会超过投资吗？如果会，什么时候可以超过？"的问题。将分析的价值转化为合理的数据是非常困难的。从分析中获得的大部分价值都是无形的。如果处理得当，分析可以改变一个组织并使其处于新的、改进的水平之上。我们需要结合有形因素和无形因素使投资在数字上变得合理，并向分析和精于分析的管理实践发展。

❑ **数据**。媒体正在以一种非常积极的方式谈论"大数据"，将其描述为更好的商业实践的无价资产。这在很大程度上是正确的，特别是对于那些理解并知道如何使用它的企业而言。但是，对于其他对大数据一无所知的人来说，大数据是一个巨大的挑战。正如我们将在本书后面重申的，大数据不仅大，还是非结构化的，同时正在以传统方式无法收集和处理的速度到来。更不用说它通常是又脏又乱的。想要在分析方面获得成功的组织需要经过深思熟虑的策略来处理大数据，以便将大数据转化为可行洞见。

❑ **技术**。尽管技术是可行和可用的，而且在很大程度上是很多企业负担得起的，但是技术的采纳对技术含量较低的传统企业构成了另一个挑战。尽管负担得起，但是建立分析基础设施仍然需要大量资金。如果没有财务支持和明确的投资回报，企业的管理层可能不愿意投资所需技术。对于这些企业来说，分析即服务（Analytics as a Service，AaaS）的模型（包括实施分析所需的软件和基础设施或硬件）可能成本更低，也更容易实现。

❑ **安全性和隐私**。对数据和数据分析最常见的批评方面是安全性。正如我们经常听说的有关敏感信息泄露的新闻中听说的，除非将数据基础设施隔离并与其他网络断开连接（这是与拥有数据和分析的正当理由背道而驰的），否则是没有完全安全的数据基础设施的。数据安全的重要性使得信息保护成为全球信息系统部门最关注的领域之一。虽然保护信息基础设施的技术越来越复杂，但是对手使用的方法和技术也越来越复杂。除了安全问题之外，人们还担忧个人隐私泄露。即使是在法律许可的范围之内，也应当避免或仔细审查对客户个人数据的使用，以保护组织免受不良宣传和公众抗议的影响。

尽管存在诸多障碍，分析的采纳率仍在增长。对于各种规模和各种细分行业的企业而言，分析的使用都是不可避免的。随着经营复杂性的增加，企业将努力在混乱的行为中寻找秩序。充分利用分析功能的公司将获得成功。

👥 1.4 分析的纵向视图

由于分析近来的流传和流行,很多人都在问分析是否是新事物。简短的回答是"不是",至少分析所代表的真正含义并不是新鲜事物。早在 20 世纪 40 年代,也就是第二次世界大战时期,人们就可以找到企业分析方面的参考文献。当时,需要更有效的方法来利用有限的资源获得最大的产出。大部分优化和模拟技术都是在那时候开发的。自 19 世纪末弗雷德里克·温斯洛·泰勒(Frederick Winslow Taylor)发起早期的时间和动作研究以来,商业中就已经在使用分析技术了。亨利·福特(Henry Ford)测量了装配线的速度,从而推动了大规模生产举措。但是在 20 世纪 60 年代末,当计算机被用于决策支持系统时,分析开始受到更多的关注。从那时起,分析就随着企业资源计划(Enterprise Resource Planning,ERP)系统、数据仓库和各种其他软硬件工具及应用的发展而发展。

图 1.3 中的时间轴描述了过去 60 年中用于描述分析的术语。在分析的早期,即 20 世纪 70 年代之前,数据是从领域专家那里通过手工过程(即访谈和调查)获取的。数据被用于构建数学模型或基于知识的模型,以解决约束优化问题。这里的想法是在资源有限的情况下做到最好。这些决策支持模型通常被称为运筹学(Operations Research,OR)。对于过于复杂而(使用线性或非线性数学规划技术)无法找到最优解决方案的问题,则使用启发式方法(如模拟模型等)来解决。

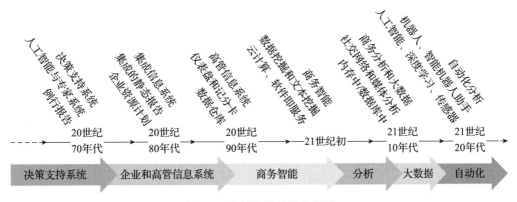

图 1.3 分析发展的纵向视图

在20世纪70年代，除了应用在很多行业和政府系统中的成熟运筹学模型之外，出现了一种令人兴奋的新模型：基于规则的专家系统（Expert System，ES）。这些系统正以一种机器可以处理的形式（如一组if-then规则）来获取专家的知识，以保证这些知识可以用于咨询，就如同人们让领域专家来确定结构化问题并给出最可能的解决方案一样。这样一来，稀缺的专业知识就可以通过"智能"决策支持系统在任意时候提供给任意需要的人。在20世纪70年代，企业开始构建例行报告，以告知决策者（管理者）前一日、前一周、前一月或前一季度发生的事情。虽然知道过去发生的事情很有用，但是管理者需要的不仅仅是可用的报告，他们需要不同粒度级别的各种报告，以便更好地理解和处理不断变化的业务需求和挑战。

在20世纪80年代，组织获取业务相关数据的方式发生了重要变化。过去使用多个互不相连的信息系统来获取不同组织单元或职能（如会计、市场和销售、财务、制造）部门的事务性数据的做法现在被集成企业信息系统所取代（即所谓的企业资源计划系统）。旧式按顺序的非标准化数据表示模式被关系型数据库管理系统所取代。这些系统使得提升数据的获取和存储效率以及建立组织数据字段之间的相互关联成为可能，并显著减少了信息的复制次数。当数据的完整性和一致性成为问题时，对关系型数据库管理和企业资源计划系统的需求就应运而生。此时，商业实践的有效性也会受到阻碍。使用企业资源计划系统可以将企业中各个角落的所有数据收集并集成到一致的模式中，从而使组织中的每个部门都能随时随地访问单一版本的真实数据。除了企业资源计划系统的出现之外，或许是由于这些系统的出现，业务报告成了一种随需可得的商业实践。这样，决策者就可以在需要或者想要的时候创建特定报告，以便研究组织的问题和机遇。

在20世纪90年代，对更全面报告的需求推动了高管信息系统（专门为高管及其决策需要设计和开发的决策支持系统）的开发。这些系统被设计成图形化的仪表盘和记分卡，从而直观地展示关键绩效指标这一决策者关注的重要因素。为了使这种高度通用的报告成为可能，同时保持业务信息系统的交易完整性，必须创建中间数据层来作为专门支持业务报告和决策的存储库。这个新的层称为数据仓库（Data Warehouse，DW）。在很短的时间内，大部分大中型企业都采用了数据仓库作为企业范围决策的平台。仪表盘和记分卡从数据仓库中获取数据。这样做也不会降低业务交易系统（通常称为企业资源计划系统）的效率。

在 21 世纪初，数据仓库驱动的决策支持系统开始被称为商务智能系统。随着纵贯数据在数据仓库中的积累，软件和硬件能力也在增加，以满足决策者快速变化和发展的需求。作为全球化竞争市场的必要条件，决策者需要以易于理解的形式表示的最新信息来及时解决业务问题并利用市场机会。因为数据仓库中的数据是定期更新的，所以并不能反映最新信息。为了解决这个数据延迟问题，数据仓库厂商开发了一种可以更频繁更新数据的系统，于是产生了"实时数据仓库"以及更实际的"即时数据仓库"。不同于实时数据仓库，即时数据仓库采用了基于数据项新鲜度需求的数据刷新策略（即并非所有数据项都需要实时刷新）。因为数据仓库中收集的数据不仅数据量大，而且特征丰富，所以在"挖掘"企业数据以"发现"能够改进业务流程和实践的有用新知识块时，数据挖掘和文本挖掘等新兴的计算趋势已经变得很受欢迎。随着数据数量和种类的增加，对更多存储空间和更强处理能力的需求也开始出现。虽然大公司有办法解决这个问题，但是中小型公司需要在财务上更易于管理的商业模式。这种需求催生了面向服务的架构和软件以及基础设施即服务（Infrastructure as a Service，IaaS）型的分析商业模式。这样，小公司可以根据需要获取分析功能，并且只为它们使用的资源付费，而不是投资极其昂贵的硬件和软件资源。

在 21 世纪 10 年代，我们已经看到数据获取和使用的方式又发生了范式转变。在很大程度上，互联网的广泛使用催生了很多新的数据生成媒介。在 RFID 标签、数字电表、点击流 Web 日志、智能家居设备、可穿戴健康监测设备等所有新的数据源中，最有趣、最富有挑战的或许是社交网络和社交媒体。虽然这些数据包含丰富的信息内容，但是从软件和硬件的角度来看，对这类非结构化数据源的分析对计算系统提出了重大挑战。近年来，人们创造了"大数据"一词来强调这些新的数据流给我们带来的挑战。为了应对大数据的挑战，很多硬件——拥有非常大的计算内存和高度并行的多处理器计算系统的大规模并行处理硬件，以及软件和算法——包含带 MapReduce 的 Hadoop 和 NoSQL，已经被开发出来。

很难预测未来十年将会发生什么，将会有什么新词被用来作为分析的名字。在信息系统特别是分析中，新范式间的转换时间在不断缩短，而且，这种趋势在可预见的未来还将继续。如今的现实情况是，虽然分析并不新鲜，但是它的爆发式流行却是非常新鲜的。随着近年来大数据的爆发式发展，收集和存储这些数据的方式、直观的软件工具以及数据和数据驱动的洞见比以往任何时候都更容易为商业专业人士所使用。因此，在全球竞争中，有巨大的机会可以通过使用数据和分析做出更好的管理决策来增加收入，并通过构建更好的产品、改进客户体验、防范欺诈以及借由定向和定制提高客户参与度来降低成本。所有这些都要借助分析和数据的力量。现在，越来越多的公司正在为其员工准备商业分析知识，以提高其日常决策过程的有效性和效率。

1.5 分析的简单分类

因为与做出更好、更快决策的需求以及硬件和软件技术的可用性与可负担性相关的诸多因素，所以分析比我们近来在历史上看到的其他趋势都更受欢迎。这种指数型的上升趋势会持续下去吗？很多行业专家认为，至少在可预见的未来这是可以实现的。一些知名咨询公司预计，在未来几年内，分析业务的增长率将是其他业务的三倍，分析将是最近十年最重要的业务趋势之一（Robinson et al.，2010）。随着对分析的兴趣和采纳的迅速增长，需要将分析进行简单的分类。与顶级咨询公司（如Accenture、Gartner、IDT 等）一起，几家技术导向的学术机构着手创建一个简单的分析分类法。如果得到适当的开发和普遍的采纳，那么这样的分类法可以创建分析的上下文描述，从而有利于就分析是什么，分析包含什么，以及商务智能、预测性建模、数据挖掘等分析相关词之间的相互关联等形成共识。运筹学与管理科学研究院（Institute for Operations Research and Management Science，INFORMS）是参与这项挑战的学术机构之一。为了触达广泛的受众，INFORMS 聘请了战略管理咨询公司凯捷（Capgemini）来对分析及其特征进行研究。

这项研究给出了分析的简要定义："分析通过报告数据来分析趋势，通过构建模型来预测并进行业务流程优化，以提高绩效并促进商业目标的实现。"正如这个定义所指，这项研究的关键发现之一是分析被各行各业的高管视为使用分析的企业的核心功能，而且分析贯穿组织中的多个部门和多项职能。同时，在成熟的组织中，分析则贯穿整个企业。就分析的主要类别而言，这项研究将分析分为描述性分析、预测性分析和规范性分析三组有时会有重叠。依据组织的分析成熟度级别，这三组分析是分层的。大部分组织从描述性分析开始，然后转向预测性分析，最后达到分析层次结构的最高层：规范性分析。虽然这三组分析在复杂性上是分层的，但是从较低的层次到较高层次的移动是无法明确分离的。也就是说，企业可以处于描述性分析的级别，同时以某种零星的方式使用预测性分析甚至规范性分析。因此，从一个层次移到下一个层次在本质上意味着上一层次的分析已经成熟且下一层次的分析正在被广泛使用。图 1.4 所示的是 INFORMS 开发的分析的简单分类的图形描述。这个分类已经被大多数行业领袖和学术机构广泛采用。

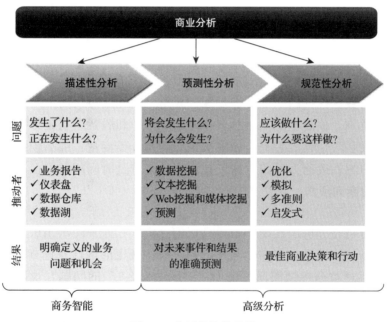

图 1.4　分析的简单分类

　　描述性分析是分析分类中的入门分析，因为大部分的分析活动处理的都是创建报告以汇总业务活动和回答诸如"发生了什么?"和"正在发生什么?"的问题，所以它又被称为业务报告。这些报告包括按照固定时间表交付给知识工作者（决策者）的业务交易的静态快照，以易于理解的形式——通常是形似仪表盘的图形界面——连续地交付给经理和高管的业务绩效指标动态视图，以及特定的报告——决策者可以通过创建自己的特定报告（使用直观的拖放式图形用户界面）来处理特定的决策情况。

描述性分析又称商务智能（Business Intelligence，BI），预测性分析和规范性分析统称高级分析。将分类中的一部分分析称为高级分析的理念是，从描述性分析到预测性或规范性分析是复杂程度的重大转变，因此需要使用"高级"这个标签。自 21 世纪初以来，商务智能已经成了为支持管理决策设计的信息系统最流行的技术趋势。直到分析浪潮到来之前，商务智能一直很受欢迎（在某种程度上，它仍然在一些商业圈中很流行）。分析将商务智能描述为分析世界的入口，它为更复杂的决策分析奠定基础并铺平道路。这些描述性分析系统通常以数据仓库为基础。数据仓库是专门为支持商务智能功能和工具设计和开发的大型数据库。

在分析层次结构中，预测性分析紧随描述性分析之后。在描述性分析方面成熟的组织会迁移到这个层次。在这个层次上，组织的目光会越过已发生的事情并试图回答"将会发生什么？"这类问题。由于我们将在后续章节将这些分析技术的预测能力作为数据挖掘的一部分进行深入介绍，因此这里仅简要介绍主要的预测性分析方法类别。预测本质上是对客户需求、利率和股票市场走势等变量的未来值进行智能或科学估计的过程。如果被预测的是分类变量，那么预测就被称为**分类**；否则，预测就被称为**回归**。如果被预测的变量是时间相关的，那么预测过程通常称为**时间序列预测**。

规范性分析是分析层次结构中最高层的分析。它通常能给出由预测性或描述性分析确定的诸多行动方案中由复杂的数学模型确定的最佳备选方案。因此，在某种意义上，这类分析试图回答诸如"应该做什么？"的问题。规范性分析使用优化、模拟和启发式决策建模技术。尽管规范性分析处于分析层次的顶部，但是它背后的方法并不新鲜。大多数构成规范性分析的优化和模拟模型都是在二战期间及之后开发的。虽然当时资源有限，但是却急需大量资源。从那时起，一些企业已经将规范性分析用于包括产出与收益管理、运输建模和调度等非常具体的问题类型。分析的新分类使它们再次流行起来，使它们可以用于广泛的商业问题和情况。

图 1.5 所示的是分析的三个层次以及在每个层次上回答的问题和使用的技术。可以看出，本书的主要主题——规范性分析，处于分析层次结构的最高层，它最接近正在做出的决策。

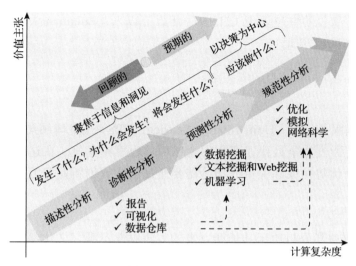

图 1.5 分析的三个层次及使用的技术

商业分析之所以越来越受欢迎，是因为它有望为决策者提供成功所需的信息和知识。无论属于分析层次中的哪一层，商业分析系统的有效性在很大程度上都取决于三个因素：数据的质量和数量（数量和表示的丰富性），数据管理系统的准确性、完整性和及时性，以及分析过程中使用的分析工具和程序的能力和复杂程度。理解分析分类有助于组织正确地选择和实施分析功能，从而有效地驾驭各种分析。下面是一个案例研究，它展示了可以从大规模分析项目的正确实施中获得的影响的大小。

1.6 分析的成功案例：UPS 的 ORION 项目

毫无疑问，作为迄今为止世界上最大的规范性分析和运筹学项目之一，UPS 的道路综合优化和导航（On-Road Integrated Optimization and Navigation，ORION）项目已经成为最成功的分析应用典范。ORION 使用各种输入（其中大部分来自车队的远程信息系统）和高级分析算法为驾驶员计算最佳路线。由于其非常成功，UPS 的 ORION 项目在 2016 年获得了著名的 Franz Edelman 运筹研究和管理科学成就奖。该奖项由 INFORMS 每年颁发一次，用于表彰在组织层面上执行规范性分析和运筹学项目的卓越表现（自 1971 年设立以来，Edelman 入围项目的累积收益已经超过 2500 亿美元）。

1.6.1 背景

联合包裹服务公司（United Parcel Service，UPS）是全球领先的物流供应商之一。它一直在激烈竞争且快速变化的全球商业环境中竞争。在这样的环境中以引人注目的竞争优势确保和保持成功，需要通过创造或创新业务流程和实践，坚持不懈地追求完美。

UPS 的成功部分归功于其长期以来的"建设性不满"文化。这一文化得益于 UPS 的创始人吉姆·凯西（Jim Casey）。相信公司和员工应该不断寻找自我改进的方法是一种信念。与物流行业中大多数成功公司一样，UPS 致力于通过技术投资来持续改进。它每年在运营效率和客户解决方案项目上的投资约为 10 亿美元。就 ORION 项目而言，这家公司不仅需要投资技术来开发所需的解决方案，而且还需要创造性地使用前沿的预测性分析和规范性分析。

为了创建问题空间的上下文，请考虑这个情况：在任何一个工作日，每位 UPS 驾驶员平均要送 120 次货（Rosenbush & Stevens，2015）。驾驶员能够选择的路线组合的数量几乎是无限的，这个数字远超地球存在的年限（以纳秒为单位）。对于人来说，确定最有效的路线，特别是在考虑诸如送货时间、道路法规以及地图上未显示的私人道路等变量的情况下几乎是不可能的。ORION 项目的目的是解决这个看似不可能解决的优化问题。为了确保 UPS 驾驶员采用在距离、燃料和时间等方面都是最优的配送路线，UPS 开发了 ORION。

在完美主义的推动下，ORION 项目是 UPS 长期运营技术投资和承诺的结果。从最初的算法开发到北美近 55 000 条路线的全面部署，共经历了十多年的时间。2013 年，一个拥有 500 个专用资源的团队首次大规模部署了 ORION 并将其推广到了 10 000 条 UPS 路线中。由于结果超出预期，UPS 加快了在美国的部署速度并于 2016 年秋季完成了部署。

1.6.2 ORION 的发展

依赖于分析的最优解决方案需要丰富、及时和准确的数据。2008 年，UPS 在送货卡车上部署了远程信息系统，以收集各种交易和位置数据，从而了解哪些地方可以提高效率。通过安装 GPS 跟踪设备和车辆传感器，结合驾驶员的手持无线移动设备，UPS 开始获取与行驶路线、车辆闲置时间甚至驾驶员是否系了安全带等相关的数据（Peterson，2018）。

实时数据收集模块的成功实施为 ORION 的开发奠定了基础。ORION 由很多基于优化和其他规范性分析模型的高级分析模块组成，可以快速、最优地解决看似无法解决的、极其复杂的路由问题。ORION 中的最终算法包括约 1000 页代码。该算法将获取的实时数据转换为易于遵循的指令，供驾驶员优化路线。ORION 算法最初是在实验室中开发的，于 2003 年至 2009 年在多个 UPS 站点进行了测试。在 2010 年至 2011 年间，UPS 公司在 8 个站点制作了 ORION 的原型，并于 2012 年将其部署到 6 个测试站点。ORION 项目的最终系统范围内的部署是在 2016 年。

现在，ORION 可以在几秒钟内求解出一条单独的路线，而且，在驾驶员离开设施之前 ORION 还会不断在后台评估路线。通过 ORION 程序进行的这种路线评估需要大量硬件和架构支持。ORION 在美国新泽西州莫沃市的一组服务器上运行，不断根据实时信息评估最佳路线。当美国大部分地区的人都在睡觉时，ORION 正在以每分钟数万条的速度处理路线优化问题。除了架构增强之外，驾驶员的交付信息采集设备（Delivery Information Acquisition Device，DIAD）也得到了增强，可以作为在道路上与驾驶员沟通优化路线的工具（Paterson，2018）。

1.6.3 结果

ORION 的构建和部署成本为 2.5 亿美元，预计每年可为 UPS 节省 3 ～ 4 亿美元。通过建立高效的路线，减少行驶里程和燃料消耗，ORION 减少了 100 000 吨的温室气体排放，为 UPS 的可持续发展做出了贡献。

UPS 将 ORION 的成功实施视为其发展过程中长达十年的努力的结果。这家公司已经发现，使用 ORION 路线的驾驶员平均每天在每条路线上要少走 6 ～ 8 英里[⊖]。只要全面部署，ORION 每年将为 UPS 减少约 1 亿英里的行驶里程。这相当于减少 1000 万加仑的燃料消耗以及 10 万吨的二氧化碳排放。初步结果显示，使用 ORION 的每条路线都减少了行驶里程。在一年的时间中，只要每位驾驶员每天减少 1 英里，就可以为 UPS 节省高达 5000 万美元。

ORION 还能让客户受益，因为它能够提供更加个性化的服务，即使在高峰工作日也是如此。这些服务包括 UPS 的 My Choice 服务。这项服务使消费者能够通过在线和移动方式查看他们即将收到的 UPS 送货上门的快递，他们能够主动选择送货偏好，变更送货路线并根据需要调整送货地点和日期。目前，数以百万计的客户在使用 UPS 的 My Choice 服务。ORION 技术将不断提供更多个性化服务，并在未来提供国际服务（Peterson，2018）。

1.6.4 小结

分析已成为现代企业的主要推动者。通过过去几十年中的一系列创新分析项目，UPS 使用丰富的数据源（来自 GPS 设备、车辆传感器和驾驶员手持设备的大数据以及来源于商业实践的交易数据）以及高级建模技术扩展了其从描述性分析到预测性分析再到规范性分析的智能决策能力。

1.7 分析的成功案例：人与机器

自从计算系统出现以来，开发能够在需要智能的任务上与人类抗衡的机器一直是人类的不懈追求。这些开发出来的机器已经在很多游戏和计算场景中进行了测试。以下是历史上几个著名的机器。只要看到了这些例子，我们就不能再说机器学习只是用来预测的了。机器学习可以用于计算和智能决策。这些游戏和比赛背后的技术的目的包括推动计算机处理各种复杂计算能力的发展，以帮助发现新的药物，建立识别趋势和进行风险分析所需的各种财务模型，处理大型数据库的搜索，执行先进科学领域需要的大量计算。

⊖ 1 英里 = 1609.344 米。——编辑注

1.7.1 跳棋

阿瑟·塞缪尔（Arthur Samuel）开发的一个程序或许是游戏情境中应用机器学习的最早的例子。这个程序学会了如何比他下跳棋下得更好。塞缪尔使用机器学习来让程序学习如何做正确的决策。20 世纪 60 年代和 70 年代，他在 IBM 工作时利用 IBM 700 系列计算机开发了跳棋游戏。阿瑟·李·塞缪尔（Arthur Lee Samuel）是美国计算机游戏和人工智能领域的先驱。他在 1959 年创造了"机器学习"一词。塞缪尔的跳棋程序既是世界上最早的成功的自学程序之一，也是人工智能（Artificial Intelligence，AI）基本概念的早期展示。

1.7.2 国际象棋

"深蓝"（Deep Blue）是 IBM 开发的可玩国际象棋的计算机。它是第一个能够在常规时间控制下在国际象棋比赛中获胜并击败国际象棋世界冠军的计算机国际象棋系统。1996 年 2 月 10 日，"深蓝"首次赢得了对战世界冠军的比赛。当时，它在六场比赛中的第一场击败了加里·卡斯帕罗夫（Garry Kasparov）。然而，卡斯帕罗夫在接下来的五场比赛中赢了三场，平了两场，最终以 4：2 的比分击败了"深蓝"。"深蓝"随后进行了大幅度的升级，并于 1997 年 5 月再次与卡斯帕罗夫对弈。这场比赛持续了好几天，得到了世界各地媒体的广泛报道。这是人机对战的经典情节。"深蓝"赢得了第六场比赛，并最终以 3½：2½ 的比分赢得了六场复赛，成为第一个在标准国际象棋锦标赛时间控制下击败世界冠军的计算机系统。

1.7.3 《危险边缘！》

十多年后，IBM 在"深蓝"之后再次进行了开发智能机器的尝试，于 2011 年开发了 Watson 并让它在广受欢迎的游戏节目《危险边缘！》（*Jeopardy*!）中与优秀的人类选手一较高下。Watson 在《危险边缘！》中击败了最好的两位选手（赢得奖金最多的选手和连续获胜次数最多的选手）。IBM Watson 被设计为从非结构化数据源或者文本知识存储库中学习的机器（IBM 称其为认知机器）。它吸收了大量数字化信息源的信息，然后用来自《危险边缘！》的含答案问题进行了训练。在训练过程中，它在回答《危险边缘！》问题方面的表现不断提升，直到能够击败人类顶级选手。IBM Watson 学会了如何回答问题，学会了如何确定从未见过的问题的最佳答案。关于 IBM Watson 在《危险边缘！》上的故事以及 Watson 技术能力的详细描述见后文。

1.7.4 围棋

2016 年 12 月，谷歌的 AlphaGo 在与一名顶级围棋选手的比赛中获胜。AlphaGo 是一种基于**深度学习**的人工智能机器学习机器。首先，它使用顶级选手之间的大量围棋比赛记录进行训练，然后再进行自我训练。在训练中，它的围棋棋艺不断提高，直到超过了人类顶级选手。AlphaGo 学会了如何在各种围棋棋局中确定下一步的最佳走法。

1.7.5 IBM Watson 简介

IBM Watson 可能是迄今为止构建的最聪明的计算机系统。在成功开发"深蓝"的十多年后，IBM 的研究人员提出了另一个可能更具挑战性的想法：开发一台不仅可以玩《危险边缘！》而且能在游戏节目中击败人类冠军中佼佼者的机器。与国际象棋相比，《危险边缘！》更具挑战性。国际象棋具有良好的结构性且规则简单，非常适合计算机处理；而《危险边缘！》则是一款针对人类智力和创造力设计的游戏。它应当被构建为认知计算系统。为了具备竞争力，Watson 需要像人一样工作和思考。理解人类语言中固有的不精确性是成功的关键。有了 Watson，认知计算就在人与计算机之间建立了一种新的伙伴关系，从而扩大并增强了人的专业知识。

Watson 是一个非凡的计算机系统。它是先进硬件和软件的新颖组合，旨在回答用自然的人类语言提出的问题。Watson 是 IBM 的研究团队在 2010 年作为 DeepQA 项目的一部分开发的，并以 IBM 第一任总裁 Thomas J. Watson 的名字命名。Watson 背后的动机是寻找一项重大的研究挑战（开发可以与"深蓝"的科学和大众兴趣相匹敌的机器的挑战），这也与 IBM 的商业利益明确相关。Watson 的研究目标是通过探索计算机技术影响科学、商业和社会的新途径，从而推动计算科学的发展。因此，IBM 研究院接受了这项挑战，即将 Watson 构建为一台能够在美国电视智力竞赛节目《危险边缘！》中实时以人类冠军水平比赛的计算机系统。这项挑战包括在节目中派出一名实时的自动选手。它应该能够倾听、理解和回应，而不是只进行实验室练习。

2011 年，为了测试 Watson 的能力，让它参加了智力竞赛节目《危险边缘！》。这是该节目第一次出现人机对决。在一场两局积分赛（2 月 14 日至 16 日播出的三集《危险边缘！》）中，Watson 击败了 Brad Rutter 和 Ken Jennings。Brad Rutter 是《危险边缘！》有史以来赢得奖金最多的选手，而 Ken Jennings 则是最长连胜记录（75 天）的保持者。在这几集中，Watson 在抢答速度方面的表现始终优于其人类对手，但是它在对某些线索（特别是那些只有几个单词的简短线索）的响应方面却遇到了困难。Watson 获取了 2 亿页的结构化和非结构化内容，消耗了 4 TB 的磁盘存储空间。在比赛期间，Watson 没有接入互联网。

应对《危险边缘！》的挑战需要推进和整合解析、问题分类、问题分解、自动来源获取与评估、实体与关系检测、逻辑形式生成以及知识表示与推理等各种问答技术（如文本挖掘和自然语言处理）。在《危险边缘！》中获胜需要准确计算答案的置信度。问题和内容都是模糊和嘈杂的，而且没有一种算法是完美的。每个组件都必须对其输出生成置信度，同时各个组件的置信度需要结合起来才能生成最终答案的总体置信度。最终的置信度决定计算机系统是否应当冒险选择答案。用《危险边缘！》的说法，这个置信度决定计算机对某个问题是"振铃"（抢答）还是"嗡嗡作响"（弃权）。置信度必须在读题时以及弃权前计算出来。这个时间大概是 1 ～ 6 秒，平均约 3 秒。

Watson 是如何做到的

Watson 背后的系统 DeepQA 是一种大规模并行的、聚焦于文本挖掘的、基于证据的概率型计算架构。在《危险边缘！》中，Watson 使用了 100 多种技术来分析自然语言，识别来源，寻找和生成假设，寻找证据并进行评分，以及合并假设并进行排序。远比 Watson 使用的任一特定技术更重要的是如何在 DeepQA 中将这些技术结合起来，使重叠的方法能够发挥各自的优势，以提高准确度、置信度和速度。DeepQA 是一种架构。它所伴随的方法论并非仅限于《危险边缘！》挑战。DeepQA 的首要原则包括大规模并行、很多专家、普遍的置信度估计以及文本分析中最新和最优秀的集成。

❑ **大规模并行**。在考虑多种解释和假设时需要利用大规模并行。

- ❑ **很多专家**。促进一系列松散耦合的概率问题和内容分析的集成、应用和上下文相关的评估。
- ❑ **普遍的置信度估计**。所有组件都没有致力于给出答案，它们都在生成特征及相关置信度，为不同的问题和内容解释打分。底层的置信度处理基础层学习如何堆叠和组合分数。
- ❑ **整合浅层与深层知识**。需要利用很多松散形式的本体平衡诸多严格语义和浅层语义。

图 1.6 简要展示了 DeepQA 架构。关于各架构组件及其角色和能力的更多技术细节可参阅文献（Ferrucci et al.，2010）。

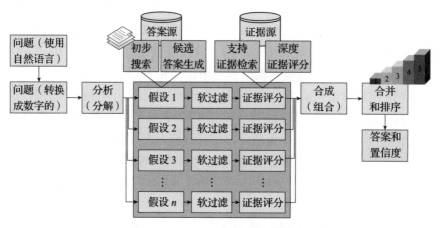

图 1.6　DeepQA 架构的简要描述

《危险边缘！》帮助 IBM 解决了一些需求。这些需求催生了 DeepQA 架构的设计和 Watson 的实现。经过包括大约 20 名研究人员的核心团队三年的紧张研发并花费了大量的研发经费之后，Watson 在智力竞赛节目《危险边缘！》中成功地在准确度、置信度和速度方面达到了人类专家的水平。在那个时候，或许最大的问题是"那么现在该怎么干？"这一切都是为了智力竞赛节目吗？绝对不是！在向全世界展示了 Watson（以及 Watson 背后的认知计算系统）可以做什么之后，它为下一代智能信息系统提供了灵感。对 IBM 来说，Watson 展示了前沿分析和计算科学的可能性（以及企业有能力做的事情）。这个信息很明确：如果智能机器可以在人类擅长的领域击败他们中的佼佼者，那么想想它可以为组织问题做些什么。首先使用 Watson 的行业是医疗，紧随其后的是安全、金融、零售、教育、公共服务和研究等。

1.8　结论

商业分析完全围绕决策开展，不像过去那样严重依赖经验、第六感和直觉，而是依赖数据、证据和计算、数学、统计科学。由于在当今竞争激烈的商业世界中需要更快、更好地做出决策，有大量特征丰富的数据源和先进的计算资源（包括硬件和软件）可供使用，因此管理决策正在经历一种范式转换。本章概述了人类决策过程以及商业分析是如何增强这个过程使其产生更准确、更具可操作性的结果的。

正如本章所讨论的以及图 1.4 和 1.5 所展示的，商业分析简单分为描述性（诊断性）分析、预测性分析和规范性分析。规范性分析是这个层次关系中的最高层，它最接近决策。也就是说，描述性分析、诊断性分析和预测性分析旨在创建信息来解释发生了什么、为什么会发生以及将会发生什么，而规范性分析则侧重于使用前面层次的分析生成的信息来确定最佳行动方案，即回答该做什么或问题的最优解决方案是什么。下面的 5 章涵盖了一些流行的技术——统称为规范性分析，提供了大量的示例性案例研究和简单的实践练习。

参考文献

Bi, R. (2014). "When Watson Meets Machine Learning" at www.kdnuggets.com/2014/07/watson-meets-machine-learning.html (accessed June 2014).

DeepQA (2011). DeepQA Project: FAQ. IBM Corporation, http://www.research.ibm.com/deepqa/faq.shtml (accessed April 2014).

Feldman, S., Hanover, J., Burghard, C., and Schubmehl, D. (2012). "Unlocking the Power of Unstructured Data," IBM white paper, found at http://www-01.

ibm.com/software/ebusiness/jstart/downloads/unlockingUnstructuredData.pdf (accessed May 2017).

Ferrucci, D. et al. (2010). "Building Watson: An Overview of the DeepQA Project." *AI Magazine*, 31(3), 59–79.

IBM (2014). "Implement Watson" at www.ibm.com/smarterplanet/us/en/ibmwatson/implement-watson.html (accessed July 2014).

Liberatore, M., and Luo, W. (2011). "INFORMS and the Analytics Movement: The View of the Membership." *Interfaces*, 41(6), 578–589.

Newell, A., Shaw, J. C., & Simon, H. A. (1958). "Elements of a Theory of Human Problem Solving." *Psychological Review*, 65(3): 151–172.

Newell, A., & Simon, H. A. (1972). *Human Problem Solving*, 104(9). Englewood Cliffs, NJ: Prentice-Hall.

Pauly, M. V. (2004). "Split Personality: Inconsistencies in Private and Public Decisions." In S. J. Hoch, H. C. Kunreuther, and R. E. Gunther (eds.). *Wharton on Making Decisions*. New York: Wiley.

Peterson, K. (2018). "ORION Backgrounder," UPS Pressroom, available at https://pressroom.ups.com/pressroom/ContentDetailsViewer.page?ConceptType=FactSheets&id=1426321616277-282 (accessed January 2019).

Robinson, A., Levis, J. and Bennett, G. (2010, October). "INFORMS to Officially Join Analytics Movement." *ORMS Today*, INFORMS Publication.

Rosenbush, S. and Stevens, L. (2015). "At UPS, the Algorithm Is the Driver." *The Wall Street Journal*. [Online] February 16, 2015. http://www.wsj.com/articles/at-ups-the-algorithm-is-the-driver-1424136536 (accessed January 2019).

Sawyer, D. C. (1999). *Getting It Right: Avoiding the High Cost of Wrong Decisions*. Boca Raton, FL: St. Lucie Press.

Schwartz, K. D. (2005). "Decisions at the Touch of a Button," August 19, 2005, found at dssresources.com/cases/coca-colajapan/index.html

Simon, H. A. (1977), The New Science of Management Decision (3rd revised edition; first edition 1960). Prentice-Hall, Englewood Cliffs, NJ.

Simon, H. A. (1982). *Models of Bounded Rationality: Empirically Grounded Economic Reason*. Cambridge, MA: MIT Press.

Stewart, T. A. (2002, November). "How to Think with Your Gut." *Business 2.0*.

第 2 章

优化和最优决策

人们通常认为**优化**是一个与理性或规范性决策相关且含义积极的词。理性或规范性决策是在假设的理想决策者完全知情、能够进行完全准确计算且完全理性的情况下，确定最佳决策相关的过程。一般来说，优化是指在给定情况下获得"最佳"可能结果的过程，即从一组给定选项或备选方案中确定最佳可能行动方案。这组选项有时可能是确定的——所有相关变量及其可能的值都是确定的但是取值接近无穷大，有时则可能包含缺失值或者本质上不确定或随机的变量值。

虽然在日常讨论中，优化可以宽泛地用于指好的或者更好的选择或决策结果，但是其真正含义应当是指"最好的"。韦氏词典将优化定义为"一种使某一事物（如设计、系统或决策）尽可能完美、实用或有效的行为、过程或方法"。具体来说，在数学程序中，优化是指最大化或最小化预先确定的目标或结果。这个预先定义的目标或结果在优化问题的数学表述中被称为**目标函数**。因为任意给定数值的最大值或最小值将分别是正无穷或负无穷，所以通常存在使结果的值保持在可测量（可计算）范围内的限制因素或约束条件。

如果所考虑的可行备选方案的数量有限，那么优化或找到给定问题的最优解可能是一个简单的过程。在这种情况下，人们会根据目标评估每个备选方案并选择产生最优结果的备选方案。对于最大化类型的优化情况，目标值最大的备选方案将是产生最优结果的备选方案。对于最小化类型的优化情况，目标值最小的备选方案将是产生最优结果的备选方案。此时，值得注意的是，可行备选方案（或解决方案）是符合所有约束的，而优化则是根据目标、目标函数或适应度函数从这些可行解决方案中找到最优解决方案的过程。如果没有可行备选方案该怎么办？在这种情况下，这个问题将不存在最优解决方案或者任何解决方案。因此，这个问题将被归类为无法解决的。对于这种无法解决的问题，决策者会去除或放松一个或多个最紧迫的限制或约束，从而创建可行解决方案空间。

属于可解决范畴的问题可以进一步划分为最优可解问题和启发式可解问题。有些问题是最优可解的，即可能的最优解决方案在数学上是肯定可以确定的，而有些问题则只能以启发式方法求解，即无法在数学上肯定地确定可能的最优解决方案。因此，一个令人满意的解决方案往往就是最终结果。这些提供非最优解决方案的方法通常称为启发式方法。虽然启发式方法可以帮助我们找到好的解决方案，但是它没有确定或确认可能的最优解决方案的能力。启发式方法包括模拟方法和很多搜索方法，而优化方法则包括线性数学规划、非线性数学规划和启发式数学规划。在下一节中，我们将深入研究线性规划（Linear Programming，LP）。线性规划可以说是最流行的数学优化方法，它可以解释以代数形式表述并以优化的方式解决的很多不同现实决策问题的机制和过程。

♟ 2.1 线性规划解决方案的常见问题类型

可以使用线性规划公式求解的常见优化模型包括：

❑ **产品组合**。找出使总利润最大的最优产品数量。本章稍后将详细描述这类线性规划模型并给出示例问题。

❑ **混合**。找出材料的最优比例，以获得性能最好的复合材料。

❑ **分配**。找出对象（如飞机、机组人员和登机口）的最佳匹配，使系统的产出最大。

❑ **投资**。找出能带来最大回报率的最优投资产品组合。

❑ **替换**。找出使系统输出最大且使过程改进成本最小的最优替换项目集。

- ❑ **库存**。找出使总库存成本最小的物品最优库存水平。
- ❑ **运输**。找出使总运输成本最小的始发地和目的地之间的最优运输计划。本章稍后将详细描述这类线性规划模型并给出示例问题。
- ❑ **生产计划**。找出使产量最大且使生产成本最小的最优订单处理计划。
- ❑ **网络模型**。找出使距离最小的最优路径。本章稍后将详细描述这类线性规划模型并给出示例问题。
- ❑ **调度**。一组以找到活动的最优序列和时间以及优化预期结果的决策为目标的通用问题，包括作业调度、机组人员调度等问题。
- ❑ **电信**。找到以交换机、塔和中继为节点的最优网络，使服务质量最优或系统总成本最小。

🐾 2.2　优化模型的类型

优化模型包括线性规划、整数和混合整数规划、非线性规划以及随机规划等类型。

2.2.1　线性规划

线性规划是最容易理解且最常见的一类优化模型。后面单独有一节将详细介绍这种流行的优化方法并给出一组代表性的示例。

2.2.2　整数和混合整数规划

线性规划模型的关键假设之一是决策变量值的不受限性质。也就是说，可以假设决策变量的值是实数。但是，在大多数情况下，决策变量的取值不能是小数，如要生产的每种产品的最优数量。从技术上讲，**整数规划**问题是决策变量的取值被限定为整数的数学优化程序。**混合整数规划**与整数规划相似但不完全相同，其中决策变量的取值并不需要全部假设为整数。

线性规划和整数规划之间没有很大的区别。在线性规划中，决策变量的取值可以是实数，而在整数规划中，决策变量的取值必须是整数。线性规划和整数规划的求解机制截然不同，其中整数规划的求解方法需要更长的处理时间和更多的计算资源。

2.2.3 非线性规划

非线性规划也是解决优化问题的过程，只不过其中一些约束或目标函数是以非线性代数公式表示的。优化问题是基于一组未知的实变量和条件计算目标函数的**极值**（最大值、最小值或平稳点），以满足统称为**约束**的等式和不等式系统。非线性规划是处理非线性问题的数学优化的子领域。

一个典型的非凸问题是通过从一组具有不同连通性和容量约束的运输方法中选择一种（其中一种或多种运输方法表现出规模经济）来优化运输成本。一个例子是在给定管道、铁路油罐车、公路油罐车、内河驳船或沿海油船的石油产品运输问题。由于经济批量的大小，成本函数除了平滑变化外，还可能不连续。

在实验科学中，诸如使用位置和形状已知但数量级未知的峰值和来拟合频谱等一些简单的数据分析可以用线性方法完成。但是，一般来说，这些问题也是非线性的。通常，人们会有一个包含可变参数的被研究系统的理论模型以及一个或多个可能包含未知参数的实验模型。人们试图找到在数值上最合适的。在这种情况下，人们通常想知道测量结果的精确度和最佳拟合。

2.2.4 随机规划

在数学优化领域，随机规划是对涉及不确定性的优化问题进行建模的框架。确定性优化问题是用已知参数表示的，而现实世界的问题几乎总是包含一些未知参数。当参数仅在特定范围内已知时，解决这类问题的一种方法称为**稳健优化**。这里的目标是找到对所有这些数据都可行，而且在某种意义上最优的解决方案。各随机规划模型的风格相似，都利用了控制数据的概率分布已知或可估计的事实。这里的目标是找到对所有（或几乎所有）可能的数据实例都可行的策略并最大化决策和随机变量的某些函数的期望。更一般化的是，这些模型可以通过解析方法或数值方法来表示、求解和分析，从而向决策者提供有用信息。

例如，考虑两阶段线性规划。其中，决策者在第一阶段采取一些行动，之后会发生影响第一阶段决策结果的随机事件。然后，决策者可以在第二阶段做出追索决策（Recourse Decision），以补偿第一阶段决策可能造成的任何不良影响。这个模型的最优策略是一个单一的第一阶段策略和定义应当对每个随机结果采取哪些第二阶段行动的一系列追索决策（决策规则）。

随机规划在从金融到交通再到能源优化的广泛领域中都有应用。

🧑‍🤝‍🧑 2.3 用于优化的线性规划

线性规划（LP）无疑是被称为数学规划（或数学优化）的优化工具家族中最著名的。线性规划是一种在数学模型中实现最佳结果（如取得最高利润或最低成本）的方法，其中数学模型的公式和要求使用线性关系表示。从数学上讲，线性规划是一种优化（最小化或最大化）目标或目标函数的方法。它被表示为带有多个约束的线性函数，其中每个约束以线性等式或线性不等式的形式表示。在线性规划的公式中，如果存在可行区域，那么这个区域将形成多角多维凸形区域（多面体）。目标函数是由同一组决策变量定义的实值线性函数，其斜率特征决定了最优解在哪个角。也就是说，线性规划算法以目标函数特征为指导，在多面体中确定目标函数最优值所在的角。

在工业工程、运筹学、计算机科学、经济学和统计学等方面都有很多贡献的美国数学科学家 George Bernard Dantzig 因开发了通用的线性规划公式并使用单纯形方法解决了这个问题而备受赞誉。在 20 世纪 40 年代中期，他将线性规划应用于美国空军规划问题的表示和解决。Dantzig 最初的例子是寻找为 70 个人分配 70 个工作的最佳分配方案。评估所有排列以选择最佳分配方案所需的计算能力是无法获得的。可能的分配方案的数量比宇宙中可观测的粒子数还大。然而，通过将问题表示为线性规划形式并应用单纯形算法，只需片刻即可找到最优解。线性规划所基于的理论大幅度减少了必须检查的可能解数量。最优化求解看似无法解决的问题使线性规划成为很多研究者和实践者关注的焦点。从那时起，人们开发了很多原始算法的变体来解决一系列复杂的决策问题。

2.3.1 线性规划的假设

在考虑将线性规划用于优化问题之前需要注意一些假设。每个人都认可的核心假设是线性规划具有：（1）线性；（2）可分性；（3）确定性；（4）非负性。此外，有些线性规划除了这四个假设还包括：（5）有限性；（6）最优性。我们来简要解释一下这些假设。

1. 线性

在线性规划中，假设目标函数和约束的表达式中存在比例性。这意味着，如果生产 1 个单位的产品需要消耗 6 h 的劳动，那么生产 10 个单位的相同产品将消耗 60 h 的同类劳动时间。目标函数和约束的表达式不允许存在决策变量相乘或平方（甚至更高次幂）表示。

2. 可分性

假设解或赋给决策变量的值不必是整数。相反，它们可以被整除且可以取任意分数值。如果没有决策变量的取值必须是整数这个假设，就可以得到称为整数规划的导数规划算法。

3. 确定性

目标函数和约束的表达式中使用的数值（常数和系数）是确定的，而且在建模和研究的时间窗口内不变。例如，假设每类产品的单位利润（在目标函数中用作决策变量——每类产品的产量——的乘数）是常数。

4. 非负性

在线性规划中，因为物理量取负值是不合逻辑且不可能的，所以假设解或决策变量的值必须是非负的。除非在线性规划的表达式中加入这样的约束，否则求解算法可以为决策变量分配负值以获得最优解。

5. 有限性

优化问题涉及数量有限的事物（如原材料、工时、产品数量等）。如果存在无数备选活动和资源限制，那么无法计算最优解。

6. 最优性

在线性规划问题中，最优性——如取得最大利润或最小成本解，总是出现在可行区域的多维表示的角点（或角线、角超平面）处。

2.3.2　线性规划模型的组件

线性规划模型的结构是由四个组件的集合构成的：

- ❏ **决策变量**。这些变量的值决定了所提出优化问题的解。例如，在产品组合问题中，决策变量是生成最大利润的所有产品的生产数量。在这个示例性案例中，需要注意的是，每种产品可能需要不同类型和数量的资源并有不同的单位利润率。

- ❏ **目标函数**。这个函数用代数方法定义了当前优化问题的目标。目标函数使用以线性数学表示的决策变量和相关参数或系数定义了需要优化的内容，即最小化（对于成本等越小越好的事物）或最大化（对于利润等越大越好的事物）目标。

- ❏ **约束**。这些是为了获得目标函数的最优值而需要遵守的限制。约束有助于定义可行解空间。约束条件越少，可行解空间就越大，而过强的约束则会产生不可行的解空间。对于不可行解空间，我们需要放松一些约束，以创建包含备选方案的可行解空间。约束可以是材料、劳动力、时间和需求的任意组合。

- ❏ **参数**。这些是在目标函数和约束的表达式中使用的常数值。例如，在利润最大化的目标函数中，我们将所有产品类型的单位利润值作为参数，将之与各自的决策变量相乘并求和，从而得到总利润。类似地，在约束条件下，将每个决策变量与每类产品生产中使用的单位材料相乘，对乘积求和并使和小于或等于这类材料的总可用数量。

图 2.1 所示的是这些线性规划模型组件之间交互的图形描述。可以看出，决策变量（ X_1, X_2, $\cdots$, X_n ）和参数（目标函数中的 c_1, c_2, $\cdots$, c_n 和约束中的 a_{11}, a_{22}, $\cdots$, a_{nn} ）被用于构造线性规划问题的代数表示。总的目标是确定满足每个约束条件且能够优化目标函数值的决策变量值。

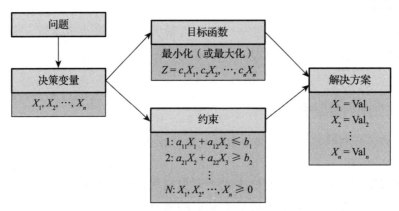

图 2.1　线性规划模型组件交互的图形描述

2.3.3　开发线性规划模型的过程

问题是现实世界的一部分，它充满了复杂性和不确定性。线性规划建模的第一步是用简洁的口头描述来总结现实世界的情况。第二步是将口头描述转换为代数表示，确定决策变量并用它们来表示目标函数和约束条件。只要创建了线性规划模型的代数表示，就可以基于模型的复杂性和软件工具的可用性使用图形、电子表格或专门的软件工具来寻找最优解。最优解是指产生最优目标函数值的决策变量值。如果线性规划模型只有两个决策变量，那么就可以使用图形解。虽然可以使用 Excel 的 Solver（求解器）插件来求解中等规模的较复杂线性规划模型，但是更复杂的大型问题可能需要 LINDO、CPLEX、SAS/OR、AMPL 和 AIMMS 等特殊优化软件包。下一节将介绍此模型开发和求解过程的说明性示例。

下一节将说明线性规划模型的开发和求解过程。使用称为**产品组合问题**（Product Mix Problem）的一类简单优化问题，这个过程中的各个步骤都得到了解释和说明。

2.3.4　实践示例：产品组合问题

在这个示例中，我们首先对问题进行口头描述，然后给出代数表示。

1. 口头描述

ABC 公司通过互联网为营利性企业和大学的研究人员定制（即安装、配置、验证）DL1 和 DL2 两种用于人工智能和深度学习项目的计算设备或工作站。这两种工作站中，DL1 的成本略低，功能稍差，也不那么复杂。在给客户发货之前，每台工作站都需要一定的安装时间和软硬件配置时间并经过完善的质量控制程序。表 2.1 所示的是对每种工作站执行这三项任务所需的时间。

表 2.1　每种工作站的时间和任务汇总

任务（安装、配置和质量控制）			
工作站类型	硬件	软件	质量控制
DL1	5	3	2
DL2	8	4	2
月度可用总工时 /h	1200	800	400

每台 DL1 的售价为 1400 美元，每台 DL2 的售价为 2375 美元。DL1 的利润率为 25%，DL2 的利润率为 20%。公司有一些忠实的企业客户，它们每个月的总持续订单数为 50 台 DL1 和 50 台 DL2。表 2.1 的最后一行给出了可以用于这三项任务的总工时。这家公司希望确定每个月生产的产品组合情况，即 DL1 和 DL2 的准确数量，以便使每个月的总利润最大化。

2. 代数表示

线性问题的代数表示包含决策变量、目标函数和约束。

决策变量。首先，我们需要确定**决策变量**，即识别和表征我们想要确定的内容。在这个问题中，决策变量非常简单。我们想要确定的是需要生产的 DL1 和 DL2 的准确数量。我们假设它们分别为 X_1（每个月生产的 DL1 数量）和 X_2（每个月生产的 DL2 数量）。

目标函数。我们需要根据口头描述构建目标函数。**目标函数**可以表征我们想要通过确定决策变量的可能最佳值来实现的目标。在这个问题中，目标是最大化每个月的总利润。虽然没有明确给出每台工作站的单位利润，但是我们可以很容易地使用单位成本和利润率按照下面的公式来计算每台工作站的单位利润：

$$\text{DL1 的单位利润} = 1400 \text{ 美元} \times 0.25 = 350 \text{ 美元}$$
$$\text{DL2 的单位利润} = 2375 \text{ 美元} \times 0.20 = 475 \text{ 美元}$$

使用已确定的单位利润和决策变量，可得目标函数（即每月总利润 Z）的代数表示如下：

$$\max Z = 350X_1 + 475X_2$$

约束。在没有限制或约束的情况下，目标函数值将趋于正无穷大。然而，在这个问题中——就像在现实世界的任何问题中一样，我们拥有的资源有限，即生产过程中可用的工时有限，需求有限制。对于这个问题，我们有三个资源约束：硬件、软件和质量控制。此外，我们有两个需求限制，即必须至少生产 50 台 DL1 和 50 台 DL2 以满足每个月的持续订单。因此，就决策变量而言的约束的代数表示可以写成如下形式：

$$C1 - \text{硬件：} 5X_1 + 8X_2 \leqslant 1200$$
$$C2 - \text{软件：} 3X_1 + 4X_2 \leqslant 800$$
$$C3 - \text{质量控制：} 2X_1 + 2X_2 \leqslant 400$$
$$C4 - \text{DL1（需求）：} X_1 \geqslant 50$$
$$C5 - \text{DL2（需求）：} X_2 \geqslant 50$$

我们还需要有非负约束。虽然这对人来说是显而易见的，但是数学算法也需要知道决策变量的负值是不可接受的。我们可以将非负约束表示为

$$C6 - \text{非负性：} X_1, X_2 \geqslant 0 \quad \text{或} \quad X_1 \geqslant 0; X_2 \geqslant 0$$

3. 具有简单解的线性规划模型的图形描述

因为只有两个决策变量 X_1 和 X_2，所以我们可以使用二维图形描述来求解这个

线性规划问题。为了说明寻找问题最优解的建模过程，我们需要在图形描述中正确地表示两个决策变量以及所有的约束和目标函数。下面是我们在图形化求解过程中遵循的步骤：

1）将决策变量表示为两个轴：X_1 为 x 轴，X_2 为 y 轴。在哪个轴上表示哪个决策变量并不重要。

2）从非负约束开始展示所有约束，并在二维空间上确定可行解区域。

3）利用目标函数的代数表示在可行区域中找出最优解。

4）使用决策变量的最优值计算目标函数值或可能的最大月利润总额。

第 1 步和第 2 步：如图 2.2 所示，通过将决策变量确定为 x 轴和 y 轴，并在这些决策变量的非负区域加阴影，就有了可行解区域：一个无界矩形。这个区域将被其他约束进一步缩小。

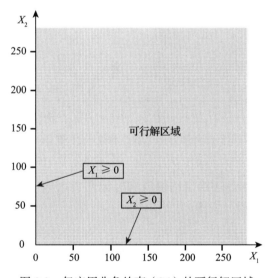

图 2.2　仅应用非负约束（C6）的可行解区域

在第 3 步中，我们将其他约束绘制到第 2 步的结果上，创建可行解区域。在将约束绘制到图形空间时，每个约束遵循下列简单流程：

1）如果约束是不等式（约束左右两边之间包含 >、≥、< 或≤号），那么将不

等式转换为等式。如果约束是等式类型的，则保持不变。

2）为了计算约束线在两轴上的截距，令两个决策变量中的一个等于零并进行求解。然后，对另一个决策变量重复这个过程。最后，标记两个决策变量的值并将它们连接到图形解上，我们可以得到两个决策变量的截距值。

3）基于不等式，在新绘制的约束线下方（如果不等式是"<"或"≤"类型的）或上方（如果不等式是">"或"≥"类型的）画上阴影以表示可行解区域，如图 2.3 所示。

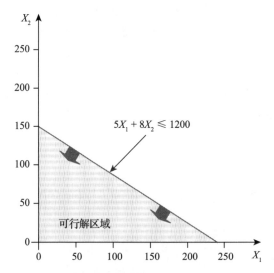

图 2.3　应用了非负约束和第一个资源约束（C1 和 C6）的可行解区域

4）为所有约束重复上述绘制约束线和标记阴影区域的过程，最终得到一个可行解区域，如图 2.4 所示。

只要确定了最终的可行解区域，我们就可以根据目标函数确定最优解。为此，首先使目标函数等于一个任意大的数。这个数最好能够被目标函数的两个系数整除。然后，我们确定决策变量的值并将其绘制到二维空间中，就像我们对约束条件 C1、C2 和 C3 所做的那样。接着，在保持目标函数线角度不变的情况下，向前或向后移动这条线，以确定它在移动出可行解区域前接触的最后一个角。对于最大化类型的优化问题，这个角将位于可行解区域的右上侧并朝向决策变量的较大值。相反，对于最小化类型的优化问题，这个角将位于可行解区域的左下侧。对于这个问题，我们使目标函数等于 33 250 并求解决策变量。这样，我们就可以确定将 X_1 和 X_2 的值分别取为 95 和 70。对应的线如图 2.5 所示。该图中还展示了目标函数线在移出可行解区域前接触的角，这个角对应决策变量的最优值。

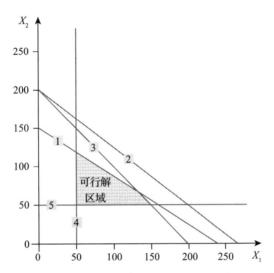

图 2.4　应用了所有约束（C1 ～ C6）的可行解区域

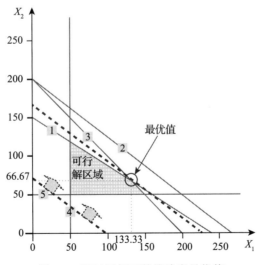

图 2.5　通过目标函数线确定最优值

虽然这个图形化过程揭示了最优解，但是这有赖于线条的精确绘制，而线条的精确绘制可能是无法实现的，尤其是在手工绘制线条时。因此，建议采用更准确的枚举法。这个方法会尝试每个候选解（可行解区域的外角）以获得最优性。具体来说，它需要确定每个候选解的 X_1 和 X_2 值，将它们代入目标函数计算总和，并将产生最优值（在本例中是最大值）的候选解确定为最优解。

图形求解流程是理解和解释线性规划问题公式和确定最优解的极好方法。然而，当决策变量多于两个时，图形求解流程可能是不切实际甚至是不可行的。因此，对于公式和解更复杂的优化问题，我们使用 Microsoft Excel 及其 Solver 插件或者专门的线性规划软件产品。下面将演示使用 Microsoft Excel 和 Solver 插件表述和解决先前列出的线性规划问题的过程。

2.3.5　用 Microsoft Excel 表述和解决相同的产品组合问题

Excel 有一个名为 Solver 的插件，这个插件可以解决各种优化问题。默认情况下，典型的 Excel 安装不会激活 Solver 插件。要在 Excel 2019 或 Excel 2016 中激活 Solver 插件，请按照下列操作顺序进行设置：文件（File）→选项（Options）→插件（Add-ins）→管理：Excel 插件（Manage：Excel Add-ins）→ Solver 插件（Solver Add-in），如图 2.6 所示。对于较早版本的 Excel，可以在互联网浏览器中输入关键词"如何在 <Excel 版本 > 中激活 Excel Solver"搜索设置步骤，然后打开 Solver 插件。

在 Excel 表单中，我们可以使用几个单元格来指定：（1）决策变量值的持有者；（2）参数值；（3）目标函数公式；（4）约束公式。图 2.7 展示了指定这些参数值和公式的直观布局。

只要在 Excel 表单中完成了线性规划问题的公式化，就可以运行 Solver 插件。假设已经激活了 Solver 插件，那么你可以在数据（Data）选项卡中找到 Solver 选项。单击 Solver 会弹出一个对话框窗口。在这个窗口中，必须指定包含目标函数公式、决策变量值和约束公式的单元格。此外，在对话框窗口中，还需要选择优化的方向（最大化或最小化）以及用于解决优化问题的方法。对话框窗口以及其中的选择或说明如图 2.8 所示。

在 Solver 对话框窗口中, 除了约束的说明之外, 所有的选择和说明都很简单。对于包括非负约束在内的每个约束, 你都可以单击"增加"（Add）按钮。在弹出的对话框中指定包含左侧值的单元格, 选择不等式, 并指定包含右侧值的单元格。这个过程的屏幕截图如图 2.9 所示。

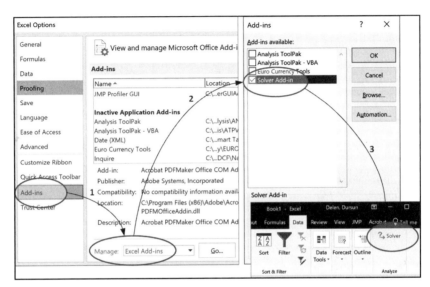

图 2.6 在 Excel 2019 中激活 Solver 插件的过程

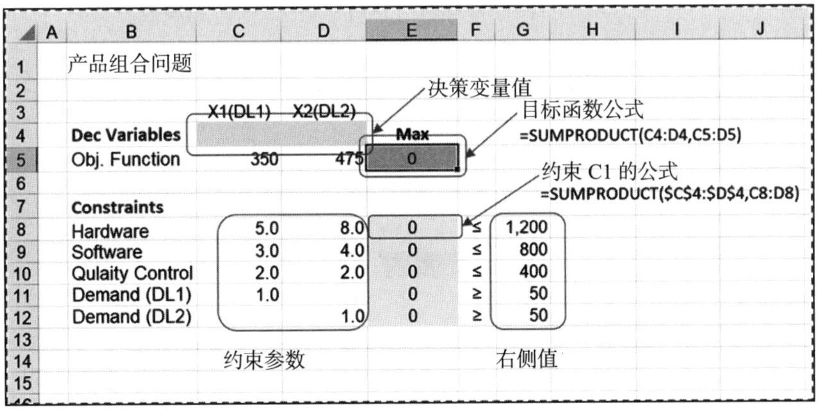

图 2.7 在 Excel 表单中表述线性规划问题

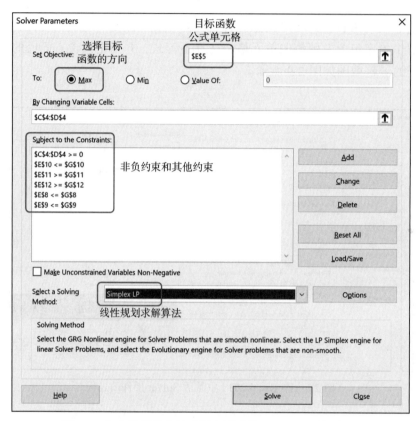

图 2.8　包含问题特定的选择和说明的 Solver 对话框窗口

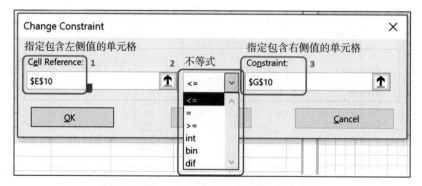

图 2.9　在 Excel 的 Solver 插件中定义约束

只要给出线性规划问题的定义，就可以单击 Solver 对话框窗口的右下角来求解问题。如果所有问题的定义都是准确的，那么 Solver 会生成最优解并在 Excel 表单中填充相关的值。具体来说，Solver 会插入决策变量的最优值并计算和展示目标函数的值及约束公式的左侧值。线性规划问题解的屏幕截图如图 2.10 所示。

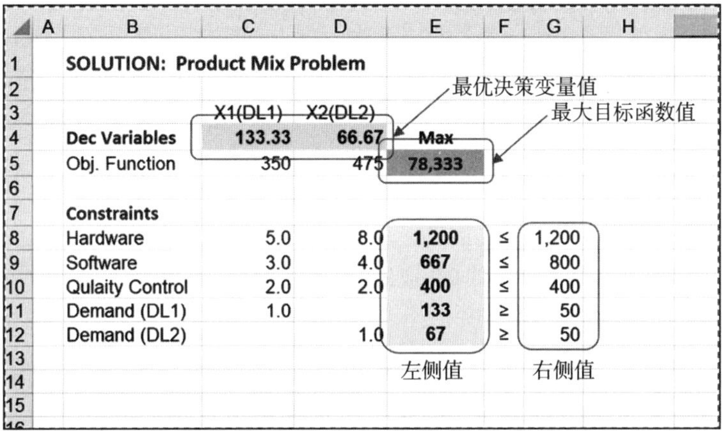

图 2.10　Excel Solver 生成产品组合问题的最优解

2.3.6　线性规划中的灵敏度分析

除了最优解之外，Excel Solver 还提供有关所提供解的最优灵敏度分析报告。要生成灵敏度分析报告，需要在 Solver 的求解过程结束时弹出的对话框中选择"灵敏度"（Sensitivity），如图 2.11 所示。灵敏度分析报告有助于增进对最优解及其相对某些问题参数的灵敏度水平的理解。决策者可以利用这些信息，通过改变问题定义中的值来进一步改进目标函数的值。

具体来说，灵敏度分析报告提供了两组指标：（1）目标函数系数的灵敏度；（2）约束右侧值的灵敏度。图 2.12 所示的是包含注释的产品组合问题线性规划解的灵敏度分析报告的屏幕截图。在灵敏度分析报告中，目标函数系数部分［在报告输出中标记为"变量单元格"（Variable Cells）］提供了下列信息：

❑ **最终值**。决策变量的最优值。

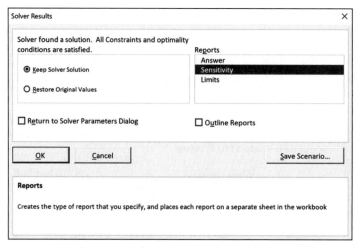

图 2.11　要求生成最优解的灵敏度分析报告

❑ **降低的成本**。如果决策变量的值为零，那么这个指标展示的是相应目标函数系数需要增加（或减少）的量，以便使决策变量的取值变为非零的正值。

❑ **目标系数**。目标函数系数的值。

❑ **允许的增加量**。这个值展示了在保持当前最优解的同时相应目标函数系数值所允许的增加量。换句话说，如果这个值大于指定值，那么最优解（即决策变量的值）将会改变。因此，需要计算新的线性规划解。

❑ **允许的减少量**。类似地，这个值展示了在保持当前最优解的同时相应目标函数系数所允许的减少量。

在灵敏度分析报告中，约束右侧值的部分［在报告输出中标记为"约束"（Constraints）］提供了以下信息：

❑ **最终值**。约束的左侧值。它们展示了约束的消耗或利用水平。对于给定的约束，如果它等于右侧值，那么就称该约束已被完全消耗或利用（又称绑定约束）。

❑ **影子价格**。这个值仅适用于绑定约束，表示当这个约束的右侧值增加一个单位时目标函数值可实现的增加量。

❑ **约束右侧**。展示约束的右侧值。

- **允许的增加量**。这个值展示了在保持当前最优解的同时相应约束右侧值所允许的增加量。换句话说，如果这个值大于指定值，那么最优解（即决策变量值）将会改变。因此，需要计算新的线性规划解。
- **允许的减少量**。类似地，这个值展示了在保持当前最优解的同时相应约束右侧值所允许的减少量。

Microsoft Excel 16.0 Sensitivity Report
Worksheet: [LP Excel Examples for MyBook - ProdMix - Transp - Network 2.xlsx]ProdMix
Report Created: 1/25/2019 8:30:27 PM

Variable Cells　目标函数系数的灵敏度

Cell	Name	Final Value	Reduced Cost	Objective Coefficient	Allowable Increase	Allowable Decrease
C4	Dec Variables X1(DL1)	133.3333333	0	350	125	53.125
D4	Dec Variables X2(DL2)	66.66666667	0	475	85	125

Constraints　约束右侧值的灵敏度

Cell	Name	Final Value	Shadow Price	Constraint R.H. Side	Allowable Increase	Allowable Decrease
E10	Qulaity Control Max	400	70.83333333	400	20	62.5
E11	Demand (DL1) Max	133.3333333	0	50	83.33333333	1E+30
E12	Demand (DL2) Max	66.66666667	0	50	16.66666667	1E+30
E8	Hardware Max	1200	41.66666667	1200	250	50
E9	Software Max	666.6666667	0	800	1E+30	133.3333333

图 2.12　产品组合问题的灵敏度分析报告

到目前为止，在这个产品组合问题中我们忽略了最优解的性质或所获得的决策变量值这个潜在问题。决策变量最优值为实数（小数），X_1 为 133.33，X_2 为 66.67。因为它们表示两种产品（DL1 和 DL2）的数量，所以小数值实际上是没有意义的。这种不切实际的最优解源于上面提到的线性规划的一个假设或限制：可分性。为了去除这个假设并得到更加现实且可操作的结果，研究人员开发了一种线性规划的衍生品并将其称为整数规划（Integer Programming，IP）。线性规划与整数规划的关键区别在于决策变量是实数还是整数。有关整数规划及其变体混合整数规划更详细的解释见本章前面的部分。

在 Excel Solver 中针对先前的产品组合问题进行整数规划求解是很简单的，所需要做的就是在线性规划定义的现有约束列表中增加一个约束，然后再求解问题。这个过程的步骤和屏幕截图如图 2.13 所示。

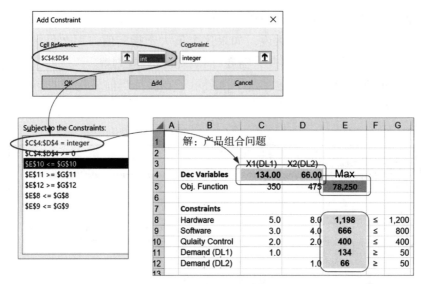

图 2.13　在 Excel Solver 中将线性规划问题作为整数规划问题求解

从图 2.13 中可以看出，线性规划解中决策变量的实数取值（$X_1 = 133.33$，$X_2 = 66.67$）在整数规划解中被转换为整数（$X_1 = 134$，$X_2 = 66$）。除了使用整数规划，还可以从线性规划解开始系统性地向上或向下舍入决策变量的值，从而得到相同的结果。在这样的实验过程中，需要注意的是要为决策变量获取一组整数值，以优化目标函数的值，满足所有约束。

2.4　运输问题

运输问题是一个流行的运筹学问题，其目标是在遵守供需约束的情况下最小化总运输成本，即将产品从来源（如生产工厂等供给中心）运输到接收端（如仓库等需求中心）的成本。供给约束限制从来源运出的产品数量，而需求约束则强制规定了要求发送到每个接收端的产品数量。

实践示例：运输成本最小化问题

图 2.14 所示的是运输问题示例的图形描述。在这个示例中，我们有 3 个分别

位于塔尔萨（T）、墨西哥城（M）和上海（S）的来源或工厂，有 4 个分别位于亚特兰大（A）、巴尔的摩（B）、芝加哥（C）和达拉斯（D）的接收端或仓库。工厂的能力（供给约束）和仓库的要求（需求约束）分别在下方给出，每个来源与每个接收端之间的单位运输成本在连接线上给出。这个问题的决策变量是从每个来源到每个目的地的发货数量。自然，这些发货数量大部分都是零。在这个线性规划问题的公式中，我们可以将决策变量表示为 X_{ij}，其中 i 表示来源的索引（值为来源城市英文的第一个字母——T、M 和 S），j 表示接收端的索引（值为接收端城市英文的第一个字母——A、B、C 和 D）。例如，X_{TB} 表示从 T（塔尔萨工厂）到 B（巴尔的摩仓库）的发货数量这一决策变量。在这个例子中，有 3 个来源、4 个接收端和 12 个决策变量。这个线性规划问题的公式的代数表示如下：

目标函数（最小化总运输成本）：

$$Z = \text{Min} \left(50X_{TA} + 84X_{TB} + 76X_{TC} + 56X_{TD} + 256X_{MA} + 198X_{MB} + \right.$$
$$\left. 288X_{MC} + 304X_{MD} + 310X_{SA} + 284X_{SB} + 332X_{SC} + 346X_{SD} \right)$$

满足
供给约束：

$$X_{TA} + X_{TB} + X_{TC} + X_{TD} \leqslant 150$$
$$X_{MA} + X_{MB} + X_{MC} + X_{MD} \leqslant 250$$
$$X_{SA} + X_{SB} + X_{SC} + X_{SD} \leqslant 200$$

需求约束：

$$X_{TA} + X_{MA} + X_{SA} \geqslant 180$$
$$X_{TB} + X_{MB} + X_{SB} \geqslant 156$$
$$X_{TC} + X_{MC} + X_{SC} \geqslant 110$$
$$X_{TD} + X_{MD} + X_{SD} \geqslant 110$$

非负约束：

$$X_{TA}, X_{TB}, X_{TC}, X_{TD}, X_{MA}, X_{MB}, X_{MC}, X_{MD}, X_{SA}, X_{SB}, X_{SC}, X_{SD} \geqslant 0$$

从前面的运输问题示例的代数表示中可以看出，供给约束的左侧小于或等于（≤）右侧，而需求约束的左侧则大于或等于（≥）右侧。

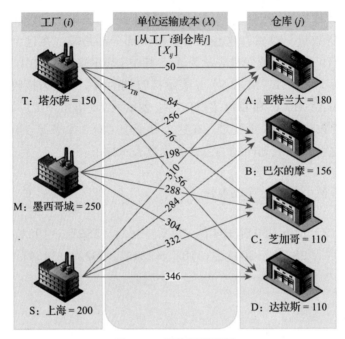

图 2.14　运输问题示例

图 2.15 所示的是同一运输问题示例的矩阵表示。如最后一列所示，每个来源都有一个与能力相关的供给约束；如最后一行所示，每个接收端都有一个需求约束。每个单元格右上角的数字表示各个来源与接收端之间的单位运输成本，即所有与运输相关的成本的总和。

启发式解

这个运输问题可以用启发式方法求解。我们可以使用常识逻辑规则将运输数量分配到 12 个决策单元中，在满足供需约束的同时最小化总运输成本。一种常用的启发式方法称为"最大化装运数量以实现最小单位成本"。在进行这类启发式求解时，人们可以发现最小单位运输成本单元，并在遵守供需约束的同时分配可能的最大值（这个单元上的数量）。重复这个过程，直到 12 个单元都填充了零或一些非零数。先前定义的运输问题的启发式解如图 2.16 所示。这个解对应的目标函数值如下：

$$Z = 50X_{\text{TA}}+84X_{\text{TB}}+76X_{\text{TC}}+56X_{\text{TD}}+256X_{\text{MA}}+198X_{\text{MB}}+288X_{\text{MC}}+$$
$$304X_{\text{MD}}+310X_{\text{SA}}+284X_{\text{SB}}+332X_{\text{SC}}+346X_{\text{SD}}$$
$$= 50\times150+84\times0+76\times0+56\times0+256\times30+198\times156+$$
$$288\times64+304\times0+310\times0+284\times0+332\times46+346\times110$$
$$= 117\ 832$$

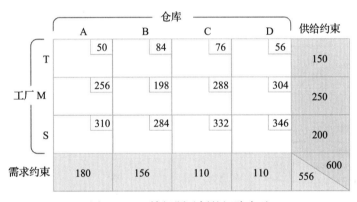

图 2.15　运输问题示例的矩阵表示

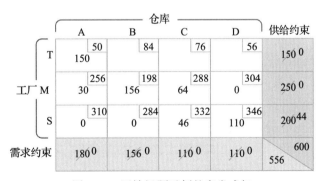

图 2.16　运输问题示例的启发式解

使用 Excel Solver 给出的最优解

同样的问题也可以用 Excel Solver 来优化解决。图 2.17 所示的带标记的屏幕截图展示了 Excel 表单中问题的公式、优化问题参数的说明以及问题的解。可以看出，决策变量值与启发式解略有不同，目标函数值为 3940 美元（117 832–113 892），比启发式解对应的目标函数值更好 / 更小（对于最小化问题而言）。

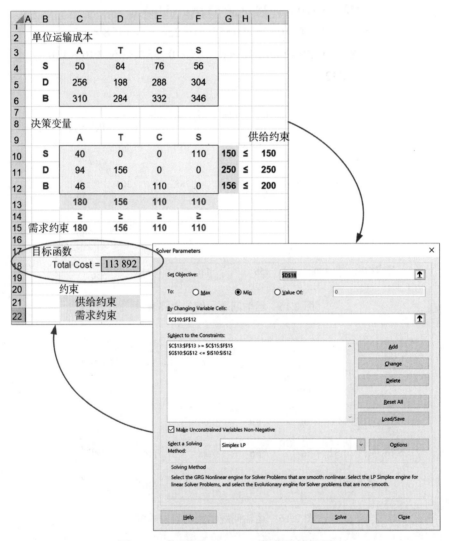

图 2.17　使用 Excel Solver 优化运输问题

👤 2.5　网络模型

网络模型是非常有用的一类优化问题。关键词"网络"是指模型是由在物理上或概念事物系统上相互连接的点组成的事实。直观的网络示例包括：（1）由道路连接起来的城市；（2）由管道连接起来的油井；（3）由运河连接起来的水库；（4）由电话线连接起来的交换站。预先定义的网络模型问题有很多，其中最常见的有以下三个：

- **最短路径问题**。通过一对特定节点的网络的最短（或者成本最低或耗时最少）路径是什么？在很多情况下，能够以最小的成本或最少的时间到达某些地点是很重要的。最短路径问题的一些典型情况包括消防员响应警报或者救护车响应交通事故。在这种情况下，提前知道基地与紧急事件发生地点之间的最快路线是很重要的。
- **最小生成树问题**。如何连接节点才能使总建设成本最小化？考虑一项关于建设新分区的城市规划决策。暴雨排水渠将位于细分区域内的选定地点，我们希望将它们与现有系统相连。我们使用节点来表示暴雨排水渠。给定暴雨排水渠（网络中的节点）的位置，我们的问题是以最小的成本选择网络的弧（在这个例子中是暴雨排水渠）。最小生成树问题的其他应用包括：（a）构建连接城市的道路网络；（b）构建连接油井的管道网络；（c）构建连接房屋和电缆分配中心的电缆网络。
- **最大流量问题**。在具有容量约束的网络中，所选节点对之间能达到的最大流量是多少？大多数大城市的一个主要问题是如何管理日益繁忙的交通流量。道路网络的拥堵可能致使通勤者花费数小时开车上下班，从而导致额外的成本和不适。因此，我们希望能够确定现有网络的容量及其最优扩展方式。

所有这些问题都有专门的数学表示和算法解或者寻找最优解的程序。下面是对其中一个网络问题——最短路径问题的简短描述和示例说明。

实践示例：最短路径问题

让我们来考虑图 2.18 中所示的网络，其中节点表示物理位置，弧上的数字表示位置间的距离（Tulett，2018）。假设我们想知道从节点 1 到节点 7 的最短路径。

显然，对于这样的小例子，找到所有路径，计算每条路径的距离，并确定最优路径 1 → 4 → 6 → 7 是很容易的。然而，我们想要的是开发一种可以有效求解各种规模问题的程序。

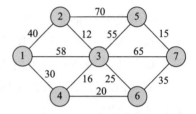

图 2.18　网络模型的图形表示

为了从代数角度说明这个问题，我们需要定义并恰当地表示决策变量。目标是找到最短路径，路径即从起点到终点的路径序列。网络中的每条弧要么包含在解（最短路径）中，要么不包含在解中。因此，决策变量变为路径的 1-0 表示，可以写成如下形式：

对于所有由 i 和 j 定义的弧：

$$X_{ij}：节点\ i\ 和节点\ j\ 之间的距离$$

如果 i 和 j 之间的弧是最短路径的一部分，那么 $X_{ij}=1$，否则 $X_{ij}=0$

因此，目标是最小化最短路径上从起点到终点的总行程距离，可以写成如下形式：

$$\text{Min}(40X_{1,2} + 58X_{1,3} + 30X_{1,4} + 40X_{2,1} +12X_{3,2}+ 70X_{2,5} + 58X_{3,1} +$$
$$12X_{3,2} + 16X_{3,4} + 55X_{3,5} + 25X_{3,6} + 65X_{3,7}+30X_{4,1} +16X_{4,3} +20X_{4,6}+$$
$$70X_{5,2} +55X_{5,5} +15X_{5,7} +25X_{6,3} + 20X_{6,4}+ 36X_{6,7} + 65X_{7,3} +15X_{7,5} + 35X_{7,6})$$

如果我们从起始节点发送一个单元到结束节点（在这个例子中，起始节点和结束节点分别是节点 1 和节点 7），那么每个节点的净流量——总流入量减去总流出量，必须以 –1 开头，以 1 结尾，且每隔一个节点为 0。因此，约束可以写成如下形式：

节点 1　$X_{2,1} +X_{3,1} +X_{4,1} -X_{1,2} -X_{1,3} -X_{1,4} =-1$

节点 2　$X_{1,2} +X_{3,2} +X_{5,2} -X_{2,1} -X_{2,3} -X_{2,5} =0$

节点 3　$X_{1,3} +X_{2,3} +X_{4,3} +X_{5,3} +X_{6,3} +X_{7,3} -X_{3,1} -X_{3,2} -X_{3,4} -X_{3,5} -X_{3,6} -X_{3,7} = 0$

节点 4　$X_{1,4} +X_{3,4} +X_{6,4} -X_{4,1} -X_{4,3} -X_{4,6} = 0$

节点 5　$X_{2,5}+X_{3,5}+X_{7,5}-X_{5,2}-X_{5,3}-X_{5,7}=0$

节点 6　$X_{3,6}+X_{4,6}+X_{7,6}-X_{6,3}-X_{6,4}-X_{6,7}=0$

节点 7　$X_{3,7}+X_{5,7}+X_{6,7}-X_{7,3}-X_{7,5}-X_{7,6}=1$

为了在 Excel 表单中表示这个代数公式，我们使用方形数组来表示变量和距离。如图 2.20 所示，在距离矩阵的主对角线上，所有数都设为零，其他实际距离都用于定义弧（节点 1 和节点 3 之间弧的距离为 40 米）。对于未定义的弧，输入任意大的距离，如 999。这个大数字的目的是阻止算法将弧作为解的一部分。在流矩阵中，对第 I 列求和，对第 10 行求和。净流量公式在第 J 列输入。图 2.19 所示的是 Solver 的说明。单元格 K14 中的目标函数是通过 SUMPRODUCT 函数将两个方阵（B3:H9 中的单元格和 B13:H19 中的相应单元格）相乘来计算的。Solver 在满足 K3:K9=M3:M9 的前提下，通过改变变量单元格 B3:H9 来最小化单元格 K14。网络模型的 Excel 表示及其使用 Excel Solver 获得的最优解如图 2.20 所示。

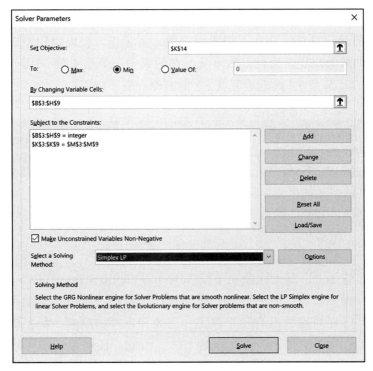

图 2.19　Excel Solver 中网络问题的定义

	A	B	C	D	E	F	G	H	I	J	K	L	M
1	Flow between nodes										Net		
2	From \ To	1	2	3	4	5	6	7	Out		Flow		RHS
3	1	0	0	0	1	0	0	0	1	Node 1	-1	=	-1
4	2	0	0	0	0	0	0	0	0	Node 2	0	=	0
5	3	0	0	0	0	0	0	0	0	Node 3	0	=	0
6	4	0	0	0	0	0	1	0	1	Node 4	0	=	0
7	5	0	0	0	0	0	0	0	0	Node 5	0	=	0
8	6	0	0	0	0	0	0	1	1	Node 6	0	=	0
9	7	0	0	0	0	0	0	0	0	Node 7	1	=	1
10	In	0	0	0	1	0	1	1					
11	Distance in between nodes												
12	From \ To	1	2	3	4	5	6	7			Shortest		
13	1	0	40	58	30	999	999	999			distance		
14	2	40	0	12	999	70	999	999		O.F.V. =	85		
15	3	58	12	0	16	55	25	65					
16	4	30	999	16	0	999	20	999					
17	5	999	70	55	999	0	999	15					
18	6	999	999	25	20	999	0	35					
19	7	999	999	65	999	15	35	0					

图 2.20　运输问题的描述及最优解

如图 2.20 所示，最短路径的距离为 85 米。最短路径本身由流矩阵中的 $X_{1,4}$、$X_{4,6}$ 和 $X_{6,7}$ 等非零决策变量组成，也就是弧 1 → 4 → 6 → 7。如果我们想找到不同节点对之间的最短路径，那么不需要用户做太多工作。假设我们想知道节点 4 和节点 5 之间的最短路径。目标函数不变，在约束中，节点 4（而不是节点 1）的右侧会有一个 –1，节点 5（而不是节点 7）的右侧会有一个 1。

分析的成功案例：波士顿公立学校使用优化建模来合并停靠站，改善学生体验并节省资金

由于美国各地的公立学区经常经费不足，因此任何可以用于核心教育工作的资金都是学校和学生的福音。节省的成本可以请更多的教师，购买更好的设备或者新书、用品和技术。

迫于这些压力，波士顿公立学校（Boston Public School，BPS）开始寻找降低成本并提升教育效果的办法。作为这项工作的一部分，交通部门转向其公交系统，研究如何做出有利于教室、交通和预算的改变。每年的交通预算为 1.2 亿美元，约占整个学区拨款的 10%。因此，任何节约都可能产生重大影响。

BPS 借助 SAS Analytics 来优化其公交路线，力求使用更少公交车提高对学生的服务质量（见图 2.21）。SAS 使用 BPS 的数据来优化最佳公交路线和站点，以满足学生的需求。因此，这个学区得以将节省下来的资金用于提高教育质量。

从 A 点到 B 点的更好方式

作为美国最古老的公立学校系统，BPS 运营着 125 所学校，为 57 000 名从学前班到 12 年级的学生提供服务。2016 年，这个学区通过 650 辆公交车为 25 000 名学生提供了 4.5 万英里⊖的交通服务。这样每天就会在近 5000 个位置有多达 20 200 个不同站点。

"我们的分配流程非常宽松，学生们有很多学校可以选择。"BPS 运营总监 John Hanlon 表示，"此外，特殊教育项目或者英语作为第二语言项目的地点使得交通系统变得更复杂了。学生们在上午和下午被送到城市中的各个地方，有时单程就需要近一个小时。"

这种努力可能会使学生及其家庭难以保证准时。同时，学区也需要维护成本高昂的交通系统。这个地区年复一年地使用相同的传统公交车站。

这些站点背后的逻辑基本上没有随时间进行调整，从而推高了成本。这个地区想要整合和优化路线。规划公交路线的软件需要大量人工调整，这使得快速评估各种变化对整个系统的影响变得不可能。

"学区在指定站点时对所有学生都使用统一的规则。"战略项目经理 Will Eger 表示，"例如，每位学生都应该最多步行半英里就可以到达公交车站。实际上，每位学生都要走很远的距离。这些站点也没有考虑学生的年龄或者社区的安全性等重要因素。我们需要一种可以在不大幅增加成本的情况下自动考虑所有这些因素的方法"。

⊖ 1 英里 =1609.344 米。——编辑注

图 2.21　提升总结（© 2019 SAS Institute 公司版权所有）

战略路线整合快速产生效益

这个地区需要一种方法来更有策略地指定公交车站。SAS Analytics 分析了很多因素，以便减少公交车站的数量，从而降低成本，同时更好地满足学生的需求。交通团队可以在 SAS Analytics 中输入不同的约束集，查看对整个系统的总站点数的影响。

例如，交通团队研究了在各种路线整合方案下可以减少多少站点。"SAS 使我们能够理解整个系统中各种权衡的策略含义，"Hanlon 说，"以前，我们没有真正按年级或年龄控制学生的平均步行距离，也没有控制社区的安全性。现在，我们可以将其与位置和其他信息相结合，以便更好地为学生服务。"

BPS 已开始为每位学生推出个性化的步行到站上限，同时减少公交车站的数量。2018 年，这个地区取消了近 50 辆公交车（约占总数的 8%），预计将长期节约成本，可超过 500 万美元（见图 2.22），而战略性的站点布局一直是其中的重要组成部分。

运力的减少也带来了显著的环境效益。"我们每天少了 13 000 磅⊖左右的碳排放，这是一个巨大的数字"，Eger 说。

"因为有了 SAS，所以我们找到了整合公交车站的新方法。这样既可以为学区省开支，同时又不会让学生处于不安全的情况，使他们距离公交车站更

⊖　1 磅 = 0.453 592 千克。——编辑注

近。"Hanlon 说，"它还使我们能够以不同的方式思考分析的力量以及它会给整个交通系统带来什么。"

图 2.22　2018 年 SAS 客户成功案例（© 2019 SAS Institute 公司版权所有）

2.6　优化建模术语

大家可能已经注意到，优化建模有自己的语言、术语和定义。以下是最常见的优化相关术语及其简要定义：

- **决策变量**是所有优化建模问题的关键组成部分。通过优化建模和分析，可以确定这些变量的值。在产品组合问题中，决策变量是所有产品类型的最优生产数量。
- **目标函数**是给定优化问题目标的数学表示。优化函数的目标是最小化或最大化目标函数。目标函数通常使用决策变量和数值参数来表示。
- **约束**是对优化模型解的限制。其中一个关键假设是决策变量有非负约束。
- **可行问题**是满足所有约束条件的决策变量存在至少一组值的问题。
- **可行解**是符合所有约束条件并为给定问题提供解的任意解。
- **可行解空间**是满足所有约束条件的所有备选解的集合。最优解是这个可行解空间中的一个解。
- **最优解**是优化（最大化或最小化）目标函数值的可行解之一。
- **不可行问题**是没有一组决策变量值满足所有约束的问题，即约束是相互矛盾的且不存在解，可行解空间为空。
- **无界问题**是目标函数趋于无穷且可以比任意给定的有限值更好（更小或更

大）的可行问题。因为总有可行解可以提供比给定的建议解提供的更好的目标函数值，所以没有最优解。

- **降低的成本**是在灵敏度分析中确定的值。如果发现决策变量的值为零，那么这个指标说明为了使这个决策变量呈现非零的正值，相应目标函数系数所需的增加（或减少）量。

- **目标系数**是用来表示目标函数的目标函数数值参数值。

- **允许的增加量**。在灵敏度分析中，允许的增加量是指为了保持当前的最优解，相应目标函数系数或约束右侧值允许的增加量。也就是说，如果这个值大于指定值，那么最优解——决策变量的值——将发生变化，因此需要计算新的最优解。

- **允许的减少量**是灵敏度分析中的一个类似允许的增加量的指标。它表示为保持当前最优解，相应的目标函数系数或约束右侧值允许的减少量。

- **最终值**。在灵敏度分析中，最终值表示决策变量或约束左侧值的最优值。约束的最终值说明了约束的消耗或利用水平。对于给定约束，如果这个数字等于右侧值，那么就称约束已被完全消耗或利用。

- **绑定约束**是指在优化结束时左侧值与右侧值相同的约束。也就是说，约束被完全消耗或利用。任意增加右侧值都有可能提高目标函数值。

- **影子价格**是指仅适用于绑定约束的值，表示当约束的右侧值增加一个单位时目标函数值可实现的增加量。

- **非绑定约束**是指在优化结束时，左侧值与右侧值不同的约束。也就是说，约束没有被完全消耗或利用。

- **剩余**是指非绑定约束的左侧值与右侧值之间的差值，其中左侧值大于或等于右侧值。

- **松弛**是指非绑定约束的左侧值与右侧值之间的差值，其中左侧值小于或等于右侧值。

2.7 使用遗传算法的启发式优化

因为底层模型太复杂，无法用已知的线性、非线性或随机优化方法解决，所以大多数现实世界的优化问题无法用数学规划求解。虽然可以用数学方程来表示问题，但是由于模型的不适宜特性，因此无法使用任何封闭形式的数学求解方法来获得最优解。在这种情况下，因为不能使用全局优化方法，所以我们需要使用启发式优化方法来为手头的优化问题找到令人满意的解。文献中有很多启发式优化（又称元启发式）方法。在启发式优化中，元启发是一种更高层的过程，它旨在找到、生成、选择一个启发式算法或部分搜索算法。该算法可以为优化问题提供足够好的解，特别是在信息不完整、不完全或计算能力有限的情况下。禁忌搜索、模拟退火、遗传算法、粒子群优化和蚁群优化等都是广为人知的启发式优化方法。从它们的名称可以看出，大多数启发式优化方法都是根据自然现象建模的。接下来，我们将介绍遗传算法。遗传算法可以说是实践中最常用的启发式优化方法。

遗传算法是受自然启发的全局搜索方法家族的一部分，通常用于为过于复杂而无法用传统优化方法求解的优化类问题寻找近似解（如前几节所述，保证为特定问题生成最优解）。遗传算法是人工智能中的机器学习方法家族的一部分。因为不能保证得到真正的最优解，所以遗传算法被认为是一种启发式算法，而且无疑是最著名的启发式算法。遗传算法是一组计算程序。这组计算程序在概念上遵循生物进化的步骤。也就是说，越来越好的解是从上一代的解演化而来的，直到解最优或者接近最优。

遗传算法（又称**进化算法**）遵循"适者生存"的主要进化规则，以与生物有机体大致相同的方式展示了自组织和适应。这种方法使用当代最适合的解作为"父母"来产生新的可行解的后代集合，从而改进这个解。后代的产生是通过模仿遗传繁殖的繁殖过程来实现的，其中突变和交叉算子通过操纵基因来构建更新、"更好"的染色体。值得注意的是，基因和决策变量之间以及染色体和潜在解之间的简单类比构成了遗传算法术语的基础。遗传算法已成功应用于车辆路线、破产预测和 Web 搜索等一系列高度复杂的现实世界问题。

2.7.1　遗传算法术语

遗传算法是一种迭代程序，它将候选解表示为基因串（称为**染色体**），并用适应度函数测量它们的生存能力。适应度函数是对所要获得的目标（无论是最大值还是最小值）的度量。就像在生物系统中一样，候选解在每次算法迭代中组合以产生后代，这称为一代。后代本身也可以成为候选解。从父母和孩子这一代开始，最适合的一组存活下来成为父母，并在下一代中产生后代。后代是使用特定的遗传繁殖过程产生的，这个过程需要应用突变和交叉算子。在复制过程中，最好的解被迁移到下一代——精英主义，以保存在当前迭代之前获得的最优解。以下是这些关键术语的简要定义：

- **繁殖**。借由繁殖，遗传算法通过选择适应度得分更高的父母或通过给予这些父母更大的被选中为繁殖过程做出贡献的概率来产生新一代可能的改进解。
- **交叉**。很多遗传算法都使用一串二进制符号（每个符号对应一个决策变量）来表示染色体或潜在解。交叉意味着在字符串中随机选择一个位置，并将这个位置右侧或左侧的片段与使用相同的分裂模式生成的另一个字符串片段的片段交换，以产生两个新的后代。
- **突变**。突变指染色体表示中的任意微小变化。它通常用于防止算法陷入局部最优。这个方法随机选择一条染色体（适应度越大的概率越大）并随机识别染色体中的一个基因，使其值反转（从 0 到 1 或从 1 到 0），为下一代生成一条新的染色体。突变发生的概率通常设置为很低（0.1%）。
- **精英主义**。遗传算法的一个重要方面是保留几个最好的解，因为它们会在各代中不断进化。这样，就可以保证最终得到这个算法当前应用可能的最优解。在实践中，最好的解被直接迁移到下一代。

2.7.2　遗传算法是如何工作的

图 2.23 所示的是典型遗传算法的流程图。要解决的问题必须以适合遗传算法的方式进行描述和表示。通常，这意味着使用一串 1 和 0（或其他最近提出的复杂表示）来表示决策变量，这些决策变量的集合表示问题的潜在解。接下来，决策变量在数学上或象征性地汇集到一个适应度函数或目标函数中。适应度函数可以是最大化（诸如利润越多越好的事物）或最小化（诸如成本越少越好的事物）这两种类型之一。除了适应度函数，还应该表示出决定解是否可行的所有决策变量的约束。需要记住的是，只有可行解才能成为全体解中的一部分。在迭代过程中，最终确定生成解之前会过滤掉不可行解。只要表示完成了，就会生成一组初始解（即初始总群）。所有不可行解都将被排除。所有可行解的适应度函数值都计算出来。

根据适应度对解进行排序，以便在随机选择的过程中使适应度更好的解有更大的概率（与其相对适应度值成比例）。

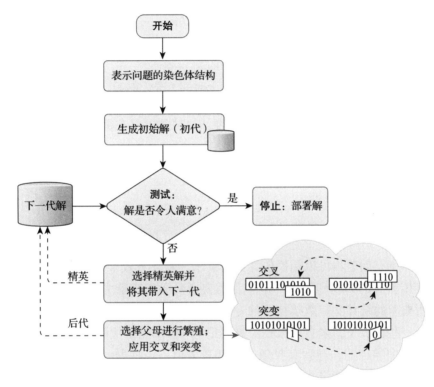

图 2.23　典型遗传算法的流程图

最优解已经被迁移到下一代。使用随机过程，一些父母被确认参与了后代的产生。使用随机选择的父母以及遗传算子的交叉和突变产生后代。要生成的潜在解的数量取决于种群规模。种群规模是解进化之前的任意参数集。只要构建了下一代，解就会经过多次迭代对新种群进行评估和再生。这个迭代过程一直会持续，直到获得足够好的解（不能保证最优），或者解在几代中没有任何提升，抑或者达到了时间限制或迭代限制。

如前所述，在运行遗传算法之前必须设置一些参数。它们的值取决于要解决的问题，通常通过反复试错来确定：

- ❏ 要生成的初始解数量（初始种群）。
- ❏ 要产生的后代数量（种群规模）。
- ❏ 要为下一代保留的父母数量（精英主义）。
- ❏ 突变概率（通常是一个较小的数，如 0.1%）。
- ❏ 交叉点出现的概率分布（通常具有相同的权重）。
- ❏ 停止标准（基于时间、迭代或提升的）。
- ❏ 最大迭代次数（如果停止标准是基于时间 / 迭代的）。

有时，这些参数是预先设置和冻结的，有时又可以在算法运行时系统性地进行调整以获得更好的性能。

2.7.3　遗传算法的局限性

以下是遗传算法最常见的局限性：

- ❏ 并非所有问题都可以用遗传算法所要求的数学方式来构建。
- ❏ 遗传算法的开发和结果的解释都需要既具备编程能力又具备遗传算法方法所要求的统计学、数学技能的专家。
- ❏ 在一些情况下，来自少数相对高度适应（但不是最优）的个体的"基因"可能会主导种群，导致其收敛于局部最大值。当种群已经收敛时，遗传算法就不再具备继续寻找更好解的能力了。
- ❏ 大多数遗传算法都依赖于每次模型运行时产生不同结果的随机数生成器。虽然两次运行之间可能具有高度的一致性，但是它们也可能会有所不同。
- ❏ 找到适用于特定问题的好变量是很困难的。获取数据以填充变量同样要求很高。
- ❏ 选择系统进化的方法需要思考和评估。如果可能解的范围很小，那么遗传算法就会很快收敛到一个解上。当进化进行得太快，以致太快改变好的解，这可能会错过最优解。

2.7.4　遗传算法的应用

遗传算法是一种用于表示和解决复杂问题的机器学习方法，为包括以下应用在内的各种应用提供了高效的、领域无关的搜索启发式方法：

- ❏ 动态过程控制。
- ❏ 规则优化归纳。
- ❏ 发现神经计算连接等新的连接拓扑。
- ❏ 行为和进化的生物模型模拟。
- ❏ 工程结构的复杂设计。
- ❏ 模式识别。
- ❏ 调度。
- ❏ 运输和路由。
- ❏ 布局和电路设计。
- ❏ 电信。
- ❏ 基于图的问题。

遗传算法能够解释信息，使其拒绝劣质解并积累好的解。因此，遗传算法了解所有的解。遗传算法也适用于并行处理。

2.8 结论

本章对优化建模进行了总结。优化建模可以说是规范性分析最受欢迎的推动者。如前所述，优化是为给定问题情况寻找"最佳"解的过程。优化是决策的一部分，在所有可行的方案中找出在优化所述目标函数方面最好的备选方案。根据决策变量和备选方案的性质，必须采用不同类型的优化建模方法。例如，如果所有变量都是确定的且关系都是线性的，那么就使用线性规划或整数规划方法。如果部分或全部变量是随机的，那么随机规划方法就更合适。对于用数学模型无法表述或解决的复杂优化问题，通常使用遗传算法等启发式搜索类的解。

人们已经开发了很多方法和工具来建模和解决优化问题。在本章中，我们解释了简单线性规划问题的图形解，然后展示了如何使用 Excel 的 Solver 插件解决更复杂的问题。高度复杂的现实世界优化问题通常使用 LINDO、SAS/OR、

AMPL、CPLEX 和 AIMMS 等专用软件包来求解。由于这些工具可随时用于解决优化问题，因此这个过程的挑战和创造力在于如何描述现实世界的情况并将其正确地表示为优化问题的公式，这通常是规范性分析过程的"艺术"。

参考文献

SAS Customer Success Story, "Boston Public Schools Uses SAS Analytics to Consolidate Stops, Improve Student Experience and Save Money," available at https://www.sas.com/en_us/customers/boston-public-schools.html (accessed November 2018).

Tulett, D. M. (2018). *Decision Modeling*, available at linney.mun.ca/pages/view.php?ref=36808 (accessed November 2018).

第 3 章

决策的模拟建模

一般来说，模拟是在计算机环境中对现实进行模仿。也就是说，模拟是给定现实世界情况的计算机表示。为了进行模拟，需要开发现实世界场景的模型。这种模型被设计用于表示物理或抽象世界、系统或过程的关键特征、行为和功能。虽然模拟通常是为了模仿现实而开发的，但是有时它却是为超越现实的情况（即想象的、超现实的"未来"世界）而开发的。或许模拟超现实的最佳例子就是电子游戏。很多人都认同，电子游戏在功能、随机性和视觉效果方面代表了最先进的计算机模拟技术。

在本章中，我们感兴趣的是用于分析和解决复杂商业问题的模拟。自进入分析时代以来，模拟一直是高级分析中最受欢迎的推动者之一。2010 年，领先的商业技术研究和咨询提供商高德纳（Gartner，参见 www.gartner.com）将包括预测性分析和规范性分析（包括模拟）在内的高级分析确定为十大战略技术之一。自那时起，高德纳一再强调高级分析和模拟的价值："因为分析是'商业的内燃机'，所以即使是在困难时期，组织也会投资商务智能。高德纳预测，商务智能的下一个重要阶段将转向更多的模拟和推断，以提供更明智的决策。"（Gartner，2017）凭借分析的早期成功，高德纳还指出："随着性能和成本方面的改进，IT 领导者能够对业务中的每项行动进行分析和模拟。"（Gartner，2013）连接到基于云的分析引擎和大数据存储库的移动客户端可以随时随地使用优化和模拟功能。这个新的步骤提供了模拟、预测、优化和其他分析功能，从而对每项业务流程行动的时间和地点赋予更大的决策灵活性。

与分析中的很多其他趋势一样，模拟技术的日益普及至少部分归功于近年来计算机硬件和软件的进步。这些进步在近年来令人印象深刻。现在的计算机甚至可以提供我们在几年前无法想象的存储和处理能力。改进的用户界面、3D和沉浸式可视化/动画以及计算机的大规模并行快速处理能力使模拟软件更容易使用、更为自然友好，从而降低了构建和使用模拟模型所需要具备的专业知识水平。编程技术的不断突破提高了建模能力，从而可以对复杂的现实世界业务系统进行丰富、逼真且高度准确的建模。硬件、软件和公开可用的图形小部件使得即便是初学建模的人也能够设计和开发拥有引人注目的可视化和动画的模拟模型，以支持模型验证和领域专家与分析从业者之间更好的交流。毫无疑问，由于这些进步以及已经被证明的能力和表现力，模拟将成为未来分析和管理决策的关键推动者之一。

分析的成功案例：温哥华国际机场案例研究——优化机场流程

作为加拿大第二繁忙的机场，温哥华国际机场（Vancouver International Airport，YVR）每天都有直飞北美、欧洲、大洋洲和亚洲的航班。2014年，这个机场有超过31万架飞机起飞，承运1936万名旅客。温哥华国际机场多次荣获Skytrax最佳北美机场奖。在2013年和2014年，温哥华国际机场是加拿大唯一入选北美十大机场的机场。

Simio是一个领先的模拟软件工具，主要用于评估和改进各种机场流程（见图3.1）。

温哥华机场管理局的下列企业价值观是这个项目的核心驱动力：

❑ **协作和团队合作**。多年来，机场管理局曾向海关官员、安检人员、行李搬运工和航空公司等利益相关方征求意见和建议。温哥华国际机场认识到，获得内外部所有利益相关者的认同对于项目的成功至关重要。

❑ **创造力**。寻求其他解决方案以改善现状。机场业务是随着市场需求不断变化的, 适应市场需求是保持良好声誉的关键。努力追求原创性和创造力, 分析问题, 利用技术, 最重要的是利益相关者在管理变革方面表现出适应性。

❏ **问责制**。从一开始就表明通过优化机场运营来获得结果的承诺。允许利益相关者从各个方面对项目拥有所有权, 从而开启自我激励的自然路径。因此, 利益相关者的反馈被用于建立信任, 构建切合实际的期望, 管理项目的执行情况, 当然也用于提供做出合理决策的能力。公司的业务计划中公布绩效指标和目标。这些被用作模拟结果的测量目标。

❏ **对结果保持热情**。所有利益相关者都对实现结果有着共同的愿望和热情。在保持或提高服务水平的同时, 企业的营利能力却岌岌可危。成功的项目很少, 也缺乏热情。然而, 热情却恰恰是激励人们努力解决问题的动力。

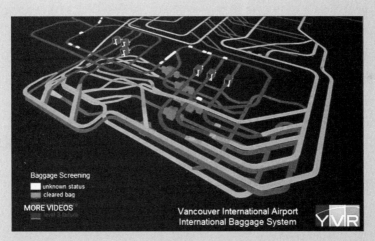

图 3.1 温哥华国际机场国际行李系统的 Simio 模型 (由 Simio LLC 提供)

方法

Simio 建模软件用于创建模型, 而 Excel 和 VBA 自动化则用于报告结果。各种终端层的 Auto-CAD 图纸以位图的形式导入 Simio, 为模型提供工作背景, 然后对图像进行适当的缩放和校准, 以便准确计算步行距离。

为所有到达和离开的航班模拟值机、安检、报关和行李提取等关键流程。模拟结果根据温哥华机场管理局年度业务计划中制定的绩效目标进行评级。这些结果使管理层能够根据很多可衡量的目标跟踪其业务计划的进展。

结果

虽然温哥华机场模拟模型非常复杂且需要较长时间来构建，但是它为航站楼的规划和运营提供了宝贵的洞见。在决定建造新的航站楼或扩建航站楼时，模拟模型（如温哥华机场）可以确定容量要求并为确定项目范围提供指导。

当需要增加容量时，可以使用模拟模型重新设计流程以提高效率。在这种情况下，由于存在递延资本成本，因此改进机场流程可以节省数百万美元。一个通过模拟模型重新设计流程来提高效率的例子是温哥华机场为返程居民完成海关申报的信息亭。温哥华机场面临的问题是海关大厅需要更大的容量。这个问题最初使机场不得不扩建航站楼，而这样做可能会产生连锁反应，包括重新安置登机口。在 Simio 模拟模型的帮助下，温哥华机场发现，只需要为返程居民提供用于海关申报的信息亭就可以增加容量，减少设施的压力。这样做为机场节省了近 1 亿美元。

模拟模型不是一次性工具。相反，只要创建了模型，就可以反复使用，这可以帮助公司节省资金。如今，温哥华机场已经在 Simio 中构建了它的整体运营模型。因此，温哥华机场可以很容易地使用这些模型，根据既定的服务水平改进机场的日常运营，从而节省时间和金钱。

资料来源：Simio 客户案例研究"温哥华"（Simio, 2018）和（Lazzaroni, 2012）。

🧍 3.1 模拟是基于系统模型的

如前所述，要进行模拟，首先需要创建特定情况的模型。模型是对真实情况的抽象或简化。构建模型需要从系统的角度表征和构建现实世界的情况。系统是一组相互关联的组件或部分。这些组件或部分以合乎逻辑的方式协同工作以实现共同目标（或结果）。系统可以简单到在快餐店的排队等候系统，也可以复杂到全球零售巨头的完整供应链系统。系统通常由多个子系统组成。给定系统的定义层次和研究层次取决于所分析的决策问题。选择正确的系统定义层次（问题情况的范围）对于进行成功和透彻的分析至关重要。

　　建模和模拟需要分析专业人员将现实或抽象的情况概念化、可视化为系统。这种能力通常被称为**系统思维**（Systems Thinking）或**系统视图**（Systems View）。它应用系统理论来分析复杂情况以实现预期结果。它提供了一种独特的、将表面现象和问题视为整个系统的一部分的问题解决和决策的方法。传统的问题解决方法倾向于关注系统的一个或多个部分，认为改变这些部分可以提供解决方案。而系统思维方法则关注所有组件之间的相互作用和根本原因，将其作为解决复杂问题的核心动力。无论系统的类型和规模如何，系统思维都包括以下几个基本信念：

- ❑ 系统由一组相互作用的部分和组件组成。
- ❑ 部分之间相互作用的背后存在逻辑和共同目标。
- ❑ 单个部分的行为受系统中其他部分行为的影响。
- ❑ 系统的边界定义了组成系统的各个部分，即系统中包括什么以及不包括什么。
- ❑ 拥有系统边界可提高对最重要事情的分析的关注度。
- ❑ 系统或系统的某些部分可以通过边界与其他系统的某些部分进行交互。
- ❑ 由于外部交互是精心定义的，因此与内部交互相比，它们对系统行为的影响较小。
- ❑ 系统的行为通过检查整个系统（而不是单个部分）来判断。

　　系统和系统思维的要点在于，这种方法使我们能够聚焦、理解、概念化、设计和开发现实的模型，使其足够丰富，能够获取足够的细节，同时又足够简单，能够进行批判性的分析和推理。系统，特别是简单系统，也可以通过仔细观察和直接操作来研究。这种方法的主要缺点在于：（1）可能需要长时间密切关注真实系统，以观察特定条件（即便是一次性的事件或兴趣），更不用说进行长时间的观察，以便对现象进行可靠的表征；（2）直接操作实际系统来观察所有可能的反应或许是不可能或不可行的。包含"重要部分"和排除"不重要部分"是一个抽象或简化的过程。这个过程将真实的或想象的系统转换成模型，以供进一步实验、研究、理解和改进。图 3.2 所示的是为现实情况创建模型的过程。

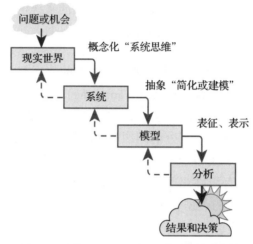

图 3.2 建模过程——从问题或机会到决策

如图 3.2 所示，为了研究、分析现实世界情况（即经常出现的问题和不断出现的机会）的复杂性；分析师和决策者应当将现实结构化并简化为一个可管理的模型。如前所述，模型的构建需要从系统的视角对现实进行观察和表征，这是将现实情况转换为一组在明确定义的范围内朝着共同目标工作的交互组件或代理的过程。这样的系统视角使得关注现实中的受限部分成为可能，其中与问题或机会相关的组件及其相互关系更加透明、更易于观察。这个过程的下一步是通过抽象（即简化假设）来构建现实的模型。有些模型比其他模型更抽象。随着抽象级别的增加，模型与现实的距离也随之增加。虽然希望限制抽象级别以便使模型能够接近现实世界的情况，但是有些分析方法只能用于高度抽象的数学模型。例如，线性规划模型的抽象级别比模拟模型的高得多。只要构建好系统的模型（处于最佳抽象级别），就可以通过一组系统性的实验对模型进行分析以解决紧迫问题，利用稍纵即逝的机会，发现并创新方法以改进底层的现实世界系统，使其变得完美。这个过程通常称为**持续的过程改进**（Continuous Process Improvement）。

为了简化现实情况并放大系统组件之间的关系，我们使用模型来分析复杂系统及其决策需求。模型有很多种，每种都有优点和局限性。汽车、飞机、桥梁或摩天大楼的缩比模型等物理模型可以提供真实感并与物理环境进行交互。分析模型又称封闭的、符号的和表示性的模型，它使用数学符号表示。虽然这些表示在为特定问题领域提供解决方案时非常有用，但是其适用领域非常有限。模拟是一种适用性更广的建模方法。

3.2　什么是好的模拟应用

离散事件模拟（Discrete Event Simulation，DES）已经被应用于大量复杂系统的分析。具有复杂逻辑和随机时间的系统特别适合使用离散事件模拟类型的分析方法。制造、医疗保健、金融、采矿、航空航天、电信、旅游和娱乐等很多行业及政府、国土安全、国防和军事等相关部门都有离散事件模拟的成功应用。有必要使用离散事件模拟应用[⊖]开发的系统和情况如下：

- □ 成本太高、风险太大或者无法进行现场实验的系统。在这种情况下，模拟提供了一种测试和研究系统中所发生变化的低成本、无风险的方式。
- □ 正在考虑进行重大更改或改进的复杂系统。猜测通常不能代替客观分析。模拟有助于准确预测预计条件变化下的系统行为并降低做出错误决策的风险。
- □ 预测过程的可变性很重要的系统。电子表格分析无法获取系统的动态变化情况，这些方面可能会对系统性能产生重大影响。模拟可以帮助我们了解各种组件是如何相互作用的以及它们是如何影响系统的整体性能的。
- □ 数据不完整的系统。虽然模拟不能在没有数据的地方发明数据，但是在确定未知事物的灵敏度方面却有很好的表现。高级模型可以帮助我们探索备选方案。详细的模型可以帮助我们确定最重要的缺失数据。
- □ 需要交流想法的系统。模拟模型的开发有助于参与者更好地理解系统。现代 2D 和 3D 动画以及其他视觉工具促进了各利益相关者之间的交流和理解。

⊖　https://www.simio.com/applications（2019 年 1 月访问）。

👥 3.3 模拟建模的应用

模拟建模已成功应用于各种商业和非商业环境。下面是一些应用模拟来理解和提高系统效率的领域。

- ❑ **生态**。评估环境的自然变化及其对组织、行业和人类生活的影响。
- ❑ **业务流程改进**。劳动力优化、产能规划、库存控制、流程替代评估、瓶颈识别、分析。
- ❑ **军事**。战备评估、情景分析、风险评估和缓解、部署、检索计划，后勤、维修、战斗、平叛、搜索和侦查、人道主义救援。
- ❑ **公共安全**。传染病的传播、遏制和检疫计划，灾害管理，急救人员计划，疏散备选方案评估。
- ❑ **机场**。停车场班车、票务、安保、航站楼运输、美食广场交通、行李处理、登机口分配、飞机除冰。
- ❑ **医院**。急诊科运作、灾难计划、救护车调度、区域服务策略、资源分配。
- ❑ **港口**。卡车和火车交通、船舶交通、港口管理、集装箱存储、资本投资、起重机作业。
- ❑ **采矿**。物料转运、劳务输送、设备调配、散料混合。
- ❑ **游乐园**。游客接送、乘车设计／启动、排队管理、乘车人员配备、人群管理。
- ❑ **呼叫中心**。人员配备、技能水平评估、服务改进、培训计划、调度算法。
- ❑ **供应链**。风险降低，再订货点，生产分配，库存定位、运输、增长管理，应急计划。
- ❑ **制造业**。资本投资分析、生产线优化、产品组合变化、生产力提高、运输、劳动力减少。
- ❑ **电信**。消息传输、路由、可靠性、对抗中断或攻击的网络安全。
- ❑ **刑事司法系统**。缓刑和假释的运作，监狱利用率和容量。
- ❑ **应急响应系统**。响应时间、站点位置、设备水平、人员配备。
- ❑ **公共部门**。为各选区分配投票机。
- ❑ **客户服务**。直接服务改进、后台运营、资源分配、能力规划。

模拟不仅是一种制造工具，它的应用领域非常广，几乎是无限的。

🧘 3.4　模拟开发流程

设计、开发和执行计算机模拟是一项重大任务。虽然软件和硬件的发展使模拟建模变得更加容易，但是对复杂的现实世界情况进行准确和可操作的模拟建模仍然需要大量模拟建模和应用领域的专业知识，要求关注细节，对模拟输出进行透彻的分析。开发模拟模型的基本过程如图 3.3 所示。可以看到，模拟模型的设计、开发和执行过程包括顺序活动和迭代活动。下一节将简要讨论每一个主要组成部分（Smith et al.，2018）。

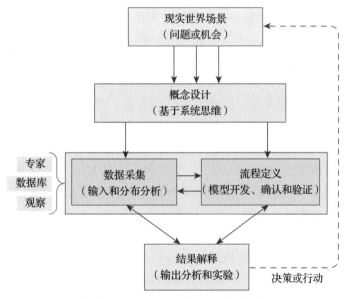

图 3.3　开发模拟模型的基本过程

3.4.1　概念设计

对任何模拟建模项目（或任何建模项目，就这一点而言）来说，透彻地理解正在建模的现实世界场景都是必需的。概念设计是对被建模系统的详细理解的体现。概念设计可以使用笔和纸在白板上或者在一些以计算机为媒介的环境中进行，可以单独进行，也可以与促进创造性和理性思维的团体共同进行。概念设计过程在所使用的模拟软件环境之外进行，不受软件带来的限制和约束。概念设计需要系统思维来将现实世界的场景适当地定性为结构化和可管理的形式。在实践中，模拟建模人员花费的时间要少于概念设计所需的时间。概念设计往往是整个过程中最不令人兴奋且费力的阶段。模拟建模人员倾向于投入模型开发过程。如果分配的时间少于概念设计所需的时间，那么会导致系统表示不准确，使建模过程中有过多的回撤操作，这反而会增加完成项目所需的总时间。

3.4.2　输入分析

输入分析包括收集、分析和表征系统的所有输入。输入的来源包括企业资源计划（Enterprise Resource Planning，ERP）系统等二级数据库，关于完成特定任务需要多长时间的专家意见，以及直接观察。输入通常使用概率分布而不是像单一的平均值这样的确定数字表示。例如，当专家提供关于完成一项任务需要多长时间的意见时，他会被要求提供乐观、悲观和最有可能的估计结果，这样我们就可以将这三个估计结果转换为模拟模型的三角分布。然后，使用分布拟合软件工具将直接观察数据和从二级数据库收集的数据转换为随机数分布。大多数模拟软件中都包含这些工具。几乎所有商业模拟软件（包括 Simio）都具有从指定的随机分布生成输入观测值的内置功能。因此，分析师的主要输入分析任务是访问数据源，收集数据，表征输入的随机变量，以及为模拟软件指定相应的分布和流程。如果无法访问输入的现实世界数据（因为系统可能不存在，而模拟的目的就是提出这个未来系统的规范），那么可以使用预测功能、最佳估计结果、与其他系统的相似性，以及实验设计的灵敏度分析等执行输入分析任务。虽然不理想，但是在没有历史数据或现有系统的情况下，这是我们能够做到的最好的。

3.4.3　模型开发、确认和验证

模型开发是将概念模型转换为可执行模拟模型的转换过程。概念模型在相对较高的"概念"层次获得了定义底层现实世界现象的组件的内部结构和相互关系，而模拟模型的开发任务则更深入地获取系统规范的详细描述。通常，需要重新对系统的组件和底层逻辑进行更详细的检查。大多数现代模拟包都提供了复杂的图形用户界面来支持模型构建过程，其中通常涉及拖放模型组件并通过对话框和属性窗口填充每个元素的特定特征。也就是说，进行有效的模型开发确实需要详细

了解所采用的通用模拟方法和所使用的特定软件。确认和验证步骤可以确保模型在句法和语义上都是准确的。确认是确保模型按照开发人员的预期运行的过程，而验证则确保模型相对于正在建模的实际系统是准确的。

3.4.4　输出分析和实验

只要模型经过了开发、确认和验证，就会被执行以获取有关底层系统的详细信息。如果有人对评估诸如患者在见到护理人员之前在急诊室中的平均等待时间、候诊室的平均患者数或者特定类别的患者在该系统中花费的平均时间等绩效指标感兴趣，那么模拟模型运行期间获取的相关观测值就需要转换成这些指标。人们可能还对诸如需要多少医生或护士来确保患者的平均等待时间不超过 45 分钟的设计级的决策感兴趣。使用模拟模型评估绩效指标和做出设计决策涉及输出分析和实验。输出分析采用由模拟模型生成的单个观察结果，以统计上有效的方式表征底层随机变量，从而得到有关正在建模的系统的推论。实验涉及系统性地改变模型输入和模型结构，以便研究备选系统的配置（Smith et al., 2018）。

👥 3.5　不同类型的模拟

计算机模拟模仿系统的行为、功能和操作。系统的行为、功能和操作与其内部过程相关，通常是随时间变化的，经常在合适的细节水平上获取事件的概率或随机性质，以构建对系统当前和潜在表现的深入理解和有用洞见。模拟模型是使用软件工具创建的。这些软件工具被设计用于获取和表示系统组件及其相互关系，并计算或记录它们随时间变化的行为结果。模拟方法可以预测现有系统变化的影响以及想象中的、未来的和计划中的新系统的性能。模拟方法经常用于评估备选设计，测试和确认操作，计算当前和未来系统的风险倾向。

模拟可以根据多个维度进行分类。最常见的模拟分类依据有：（1）底层系统的表示中是否包含时间（分为静态模拟和动态模拟）；（2）是否处理系统变量的概率性质（分为确定性模拟和随机模拟）；（3）是否将潜在的现象表示为连续系统（分为离散模拟和连续模拟）。下面是对这些模拟分类的简短描述。

3.5.1 模拟可能是动态的（时间相关的），也可能是静态的（时间无关的）

时间是大多数系统的关键要素。系统会随着时间的推移变化和发展。虽然时间似乎是任何系统和模拟模型中不可或缺的一部分，但是有时可以从基于模拟的分析中排除时间。如果系统的时变特性不是分析的主要组成部分，那么进行时间无关的模拟分析可能是可接受的。这样可以节省时间，生成更简单、更易于理解的模型，并产生更好的洞见和解决方案。与时间无关的模拟建模的主要例子之一是蒙特卡罗模拟。3.6 节将详细解释蒙特卡罗模拟。

3.5.2 模拟可能是随机的，也可能是确定性的

在随机模拟（最常见的模拟模型）中，随机性是显式获取的，以便更好地表示在大多数现实世界系统中发现的变化。诸如完成任务所需的时间或绩效的质量结果等涉及人的活动总是各不相同的。诸如客户的行为和进料的可接受性等外部输入也不尽相同。最后，异常或罕见故障也经常出现。确定性模型不会发生变化。它们在模拟建模中很少见，但是在线性规划等优化建模中更为常见。

3.5.3 模拟可能是离散的，也可能是连续的

离散和**连续**这两个词通常是指系统内部状态变化的性质。在这里，**状态**是指由系统的所有参数以及这些参数的值所定义的系统快照。某些状态，如等待队列的长度以及工人或机器的状态，只能在离散的时间点（通常称为事件时间）发生变化。其他状态，如水箱压力、种群动态变化和烤箱温度等，可能会随着时间的推移逐渐且连续地发生变化。有些系统是纯离散或纯连续的，而另一些系统则同时存在这两种状态。连续系统通常由微分方程定义，微分方程规定了系统状态参数的变化速率。系统动力学是使用一组微分方程为给定系统创建简单因果模拟模型的图形化方法，通常用于连续模拟。

图 3.4 所示的是模拟模型的简单分类。3.6 节至 3.8 节将详细介绍蒙特卡罗模拟（随机＋离散＋静态）、离散事件模拟（随机＋离散＋动态）和系统动力学（随机＋连续＋动态）等模拟模型。

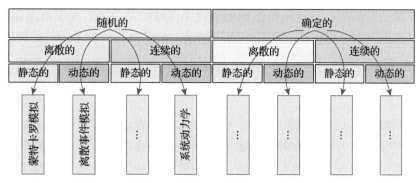

图 3.4　模拟模型的简单分类

🔖 3.6　蒙特卡罗模拟

从广义上讲，蒙特卡罗模拟是指任何用随机数来表示模拟模型中的一个或多个变量的模拟。蒙特卡罗模拟可以是人工模拟，也可以是计算机模拟。众所周知，蒙特卡罗模拟是以摩纳哥著名的地中海城市蒙特卡罗命名的。更准确地说，蒙特卡罗是摩纳哥公国的一个行政区域。摩纳哥公国是西欧法国里维埃拉的一个主权国家，它毗邻法国和地中海。除了自然美景之外，蒙特卡罗还以其赌场以及博彩和赌博业而闻名。因为模拟过程涉及生成随机变量来表示和说明随机集体行为，所以它被称为蒙特卡罗模拟。虽然蒙特卡罗模拟和随机模拟是同义词，但是坦率地说，随机模拟是一个更具描述性和技术性的词。由于其名称的吸引力，因此这种类型的模拟通常被称为蒙特卡罗模拟。

蒙特卡罗模拟是一种简单但功能强大的随机分析工具，通常用于分析物理科学、工程、自然科学（如气候变化）、计算生物学（如遗传进化）、计算机图形学、运筹学、应用统计学、电脑游戏、金融和商业中的随机事件和过程。从历史上看，在 20 世纪 40 年代初，美国新墨西哥州洛斯阿拉莫斯国家实验室（Los Alamos National Laboratory）首次将它用于曼哈顿计划，以解决原子弹开发中的中子扩散问题。兰德（Rand）公司成立于 1948 年，是一家非营利性的美国全球政策智库。它为美国武装部队提供研究和分析。美国空军是当时负责资助和传播蒙特卡罗模拟方法信息的主要组织之一。蒙特卡罗模拟在很多领域中都有着广泛的应用。蒙特卡罗模拟已经被用于处理从模拟像原子碰撞这样的复杂物理现象到交通流分析，以及从项目规划到金融投资组合和股票市场运动的风险评估等各种各样的问题。

3.6.1　模拟掷双骰问题

因为蒙特卡罗是一个赌博小镇，所以还有什么方法比掷骰子游戏能更好地解释蒙特卡罗模拟呢？假设有两个无偏的公平骰子，我们要计算在掷两个骰子时点数共为 7 的概率。在查看所有排列时，我们意识到通过两个骰子得到 7 点的方式有 6 种。两个骰子可以产生 36（6×6）种不同的数字组合（每个数字的范围是 1 是 6）。因此，掷出 7 点的概率是 6/36=0.167。因为我们只用了两个骰子，所以排列是有限的且很容易计算。此外，每个骰子掷出特定点数的概率是相等的（从 1 到 6 之间的均匀分布）。我们设法计算得到特定点数和（在本例中是 7）的概率。图 3.5 所示的是我们可以通过掷两个骰子获得的点数和（在 2 到 12 之间）的所有排列以及相应概率。

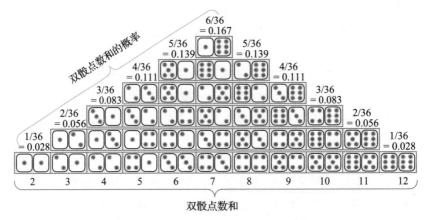

图 3.5　掷两个骰子得到特定点数和的概率

现在，我们用蒙特卡罗模拟来做同样的评估。和之前的情况一样，在这个模拟中，我们要计算 $Y=7$ 的概率，其中 Y 的值是 X_1 和 X_2 的和，如下列简单方程所示：

$$Y=X_1+X_2, 1 \leqslant X_1 \leqslant 6, 1 \leqslant X_2 \leqslant 6$$

我们可以使用三列生成足够多的数据行来进行这个模拟。前两列将生成 1 到 6 之间的随机整数，第三列计算前两列的和。然后，利用这些数据就可以计算第三列中 7 的数量所占的比例。如果数据（行数）足够多，那么就应该得到一个接近 0.167 的值。在 Excel 中进行相同模拟实验的另一种方法是使用简单的宏。用于执行这个特定任务的 VBA（Visual Basic for Applications）代码如图 3.6 所示。可以看到，在这个实验中，我们掷了 100 000 次骰子。值得注意的是，掷的次数越多，这个值就越接近实际值。在这种情况下，掷 100 000 次就可以得到预期的值。

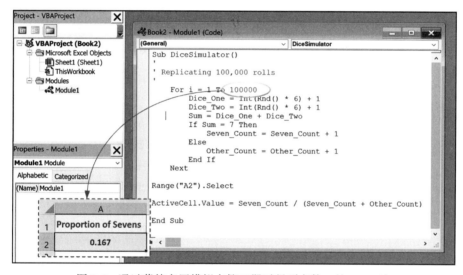

图 3.6　通过蒙特卡罗模拟在掷双骰时得到点数 7 的 Excel 宏

3.6.2　蒙特卡罗模拟的开发过程

图 3.7 所示的是一步步开发蒙特卡罗模拟解决方案的过程。下面将进一步给出这个过程。

第 1 步：构建问题的数学表示，其中部分或全部变量是随机的。

第 2 步：为每个随机变量确定合适的随机数分布。
a. 根据观测结果、档案数据或主题专家意见确定分布。

b. 根据这些发现决定使用离散随机分布或理论随机分布。图 3.8 和图 3.9 所示的分别为离散概率分布和连续概率分布。

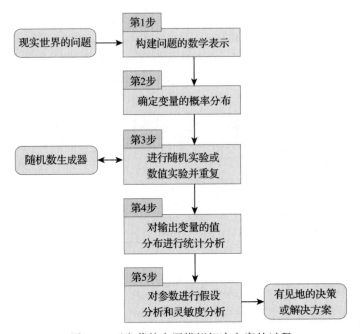

图 3.7　开发蒙特卡罗模拟解决方案的过程

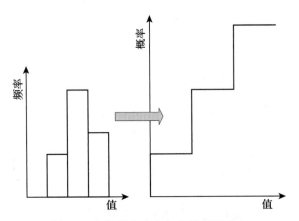

图 3.8　离散概率分布与离散累积分布

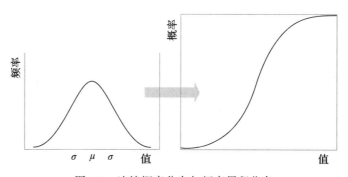

图 3.9　连续概率分布与频率累积分布

第 3 步：模拟 x 次迭代。对每次迭代执行以下操作：

a. 对于每个随机变量：

　i. 抽样一个符合均匀分布的随机数。

　ii. 将符合均匀分布的随机数 [0, 1] 转换成符合给定分布的适当随机数。

b. 根据数学公式进行计算并记录结果。

第 4 步：在大量迭代完成之后，分析结果变量值的分布。这种分布可以提供评估获得某些值的相对风险所需的洞见。图 3.10 所示的是示例输出变量值的分布（直方图）。

第 5 步：对系数和变量分布以及它们的参数进行灵敏度分析。

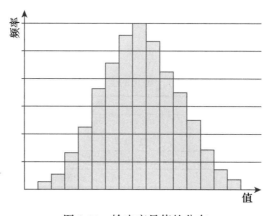

图 3.10　输出变量值的分布

现在，我们用一个非常简单的例子来说明这个过程。

3.6.3 说明性示例：业务规划场景

假设某公司正在考虑向市场推出一款新产品。作为公司的营销经理，你需要评估这款新产品在第一年取得财务成功的可能性。具体来说，你需要估计这款产品第一年的盈亏情况。你的评估应基于以下变量：

- ❑ 预计的销量。
- ❑ 预计的销售单价。
- ❑ 预期成本。
- ❑ 计划期间的预计固定成本。
- ❑ 预计的单位可变成本。

因此，简单的利润方程可以写成：

$$利润 = 收入 - 总成本$$
$$收入 = 销量 \times 销售单价$$
$$总成本 = 固定成本 + 可变成本$$
$$可变成本 = 销量 \times 单位可变成本$$
$$利润 = (销量 \times 销售单价) - (固定成本 + (销量 \times 单位可变成本))$$

基于专家意见、类似产品的档案数据和一些市场调查的整合结果，可以确定下列变量值（见表 3.1）

表 3.1 确定的变量的值

变量	值（确定性的或随机的）
销量	均值为 63 000，方差为 5600 的正态分布
销售单价	12.50 美元
固定成本	220 000 美元
单位可变成本	4、5、6 美元的概率分别是 20%、50%、30%

如表 3.1 所示，四个变量中的两个，即销售单价和固定成本，具有固定的值。

另外两个变量，即销量和单位可变成本，具有随机值。例如，根据市场调查和以往同类产品新品发布会档案数据的情报，这款新产品的年销量服从均值为 63 000，方差为 5600 的正态分布。同样，根据运营分析，单位可变成本服从离散分布，其中 4、5 和 6 美元的概率分别为 20%、50% 和 30%。

如果对所有变量都使用简单的均值，那么可以计算出下列总利润：

$$\text{利润} = (63\,000 \times 12.50) - (220\,000 + (63\,000 \times 5))\ \text{美元}$$
$$= 252\,500\ \text{美元}$$

现在，我们使用 Microsoft Excel 通过蒙特卡罗模拟进行相同的分析。使用第一个数值行，我们需要在单独的列中创建概率变量。然后，我们可以应用简单的数学公式来计算第一行的输出值。完成并确认概率变量的定义之后，将第一行复制任意多次（如 10 000 次）。接着，绘制垂直条形图或者直方图来说明为输出变量计算的 10 000 个值的分布。图 3.11 所示的是相关计算的屏幕截图。

A2　fx　=(B2*C2)-(D2+B2*E2)

	A	B	C	D	E	F
1	**Annual Total Profit**	**Annual Sales Volume**	Unit Sales Price	Annual Fixed Cost	Unit Variable Cost	=RAND()
2	237202.9397	53788.58114	12.5	220000	4	0.049995607
3	248467.2757	55113.79715	12.5	220000	4	0.079528452
4	243158.5129	61754.46839	12.5	220000	5	0.411994889
5	264517.6226	64602.34968	12.5	220000	5	0.612612205
6	266572.8146	64876.37528	12.5	220000	5	0.631212733
7	213092.5519	66629.62337	12.5	220000	6	0.741555071
8	229166.8228	59888.90971	12.5	220000	5	0.289258632
9	252354.3005	62980.5734	12.5	220000	5	0.498616058
10	213425.678	66680.87354	12.5	220000	6	0.744505611
11	239641.4906	61285.53208	12.5	220000	5	0.379743322
12	247445.7772	71914.73495	12.5	220000	6	0.944298317
13	261683.0527	64224.40703	12.5	220000	5	0.586536356
14	220594.2218	58745.89624	12.5	220000	5	0.223728508
15	215166.091	51196.0107	12.5	220000	4	0.017521757
16	269343.8567	57569.86549	12.5	220000	4	0.166106283
17	264340.4251	64578.72335	12.5	220000	5	0.610995612

图 3.11　业务规划场景的蒙特卡罗模拟

使用输出变量的值的分布，我们可以计算分位数以及获得输出变量的某个值或值范围的可能性。这些计算有助于我们评估与输出变量不同值相关的不确定性和风险水平。图 3.12 所示的是输出变量的值的分布。图 3.13 所示的是模拟中使用的两个随机变量的值的分布。这个分布与原始定义参数密切相关。

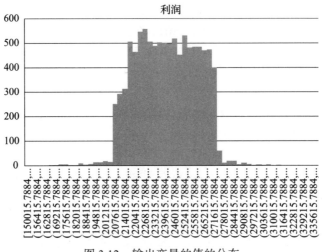

图 3.12　输出变量的值的分布

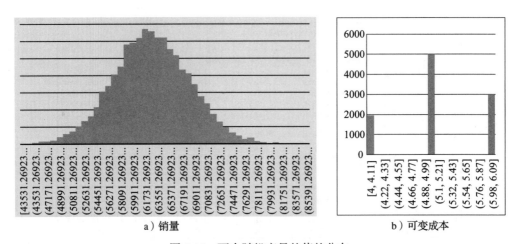

a）销量　　　　　　　　　　　　　　b）可变成本

图 3.13　两个随机变量的值的分布

3.6.4　使用蒙特卡罗模拟的优点

以下是使用蒙特卡罗模拟的优点：

- 它建立在坚实的理论基础之上。
- 它是一种简单直接的随机变量分析方法。
- 它支持随机变量和确定性变量的组合。
- 它提供输出变量的值的分布，以便更好地进行风险评估。
- 对于简单的优化问题，它通常可以提供全局最优解。
- 它可以很容易地在电子表格中实现。

3.6.5　蒙特卡罗模拟的缺点

蒙特卡罗模拟有以下缺点：

- 它需要重复足够多次才能接近最优解。
- 它严重依赖随机数生成器的随机性。
- 它忽略了时间维度，以时间无关的方式评估功能。
- 它不提供单个数字形式的结果，相反，它产生值的分布。
- 它无法处理复杂的逻辑交互情形，因此往往需要对现实进行过度简化。

🧑‍🤝‍🧑 3.7　离散事件模拟

在各类模拟建模的范式中，离散事件模拟无疑是研究业务流程和相关业务问题最流行、最常用的建模范式。离散事件模拟背后的方法非常适合用来对由事件逻辑序列控制的复杂流程进行建模和分析，这种复杂流程在现实世界的决策情境中经常出现。本质上，离散事件模拟将给定系统的功能建模为按时间逻辑顺序排列的离散事件的集合。每个事件都在特定的时间点发生，这会引发某些系统参数发生变化并使系统状态发生转换。在事件之外，系统的状态保持不变。换句话说，在两个连续事件之间，没有什么值得注意的事情发生。系统变量和参数或系统状态没有变化。这就是为什么模拟可以按时间顺序从一个事件跳转到下一个事件。

这种事件驱动的模拟执行进程是离散事件模拟和连续模拟之间最显著的区别，在连续模拟中，模拟的会随时间推移持续不断地跟踪系统的动态和功能。连续模拟不是基于事件的，而是基于活动的。它将时间分解为小的时间片，并根据这些时间片中发生的多个活动更新系统状态。由于离散事件模拟不需要模拟每个时间片，因此其运行速度通常要比相应的连续模拟快得多。

首先，理解和内化离散事件模拟的事件驱动功能可能有些困难。人们可能会问什么是事件，需要跟踪什么类型的事件，如何创建事件，以及如何执行事件。理解这种事件驱动功能的最佳方法是对照简单系统的示例。

3.7.1 简单系统的离散事件模拟建模

一个最合乎逻辑的学习离散事件模拟功能的例子是对简单系统，如单线（单队列）单服务者系统，进行建模。在单线单服务者系统中，客户随机到达商业银行的一个小型邻里分行，由柜员提供服务。在这个场景中，存在一条线，客户可以沿着这条线排队，而服务者每次可以为一位客户提供服务。这个系统中的主要事件是客户的到达和离开。但是，服务者开始为下一位客户服务是一个事件吗？为什么这不是另一个事件呢？因为柜员开始为客户服务的事件可以同客户的到达或离开事件合并在一起，所以不需要将其视为单独的事件，而是将其合并到到达和离开事件的逻辑中。具体来说，如果系统为空且队列中没有客户，那么客户到达和服务开始是同时发生的。因为没有时间差，所以这两个事件可以而且应该合并到客户到达事件的执行逻辑中。在有客户排队等候的情况下，服务的开始可以和客户离开事件结合起来。换句话说，当前一位客户离开时，队列头部的下一位客户会移动到柜台。因为这两件事同时发生，所以客户离开事件的执行逻辑会同时处理它们。由这些事件改变的系统状态包括队列中的**客户数量**（从 0 到 n 的整数）和柜员状态（忙碌或空闲）。使用概率分布对系统的随机性进行建模时的随机变量包括**客户到达事件的间隔时间**和**柜员的服务时间**。在模拟模型运行足够长的时间以后，可以使用收集到的数据和统计信息来确定**平均队列长度**、**平均服务时间**以及**在系统中花费的平均时间**等与系统性能相关的指标。通过提供这些性能指标的分布来计算最好和最坏的情况，模拟可以生成非常丰富的数据，足以超越简单的均值。

如果均值就是所需要的全部性能指标，那么对于这样的简单排队系统，或许排队论会是更好的解决方案。排队论使用封闭的、非迭代的数学公式来快速计算这些简单的性能指标。当系统变得复杂时，排队论无法用简单的数学公式恰当地表示并准确地解决潜在的排队问题。对于这种情况，应该使用离散事件模拟建模而不是排队论。事实上，大多数现实世界的复杂排队型系统都是使用离散事件模拟建模来分析和解决的。以下是有关这个排队系统的简要描述。

排队系统和排队论

排队论是对排队现象的数学研究。构建给定排队系统的排队模型，可以估计队列长度和等待时间等与系统相关的性能指标。同离散事件模拟一样，排队论通常被认为是运筹学的一个分支，因为在做出有关提供服务所需资源的业务决策时经常会用到这些结果。众所周知，排队论起源于 Agner Krarup Erlang 在 20 世纪初对哥本哈根电话交换网络进行建模的早期工作。排队论背后的思想已经被应用于制造系统设计、交通流、无线网络、计算和互联网等应用领域。

最简单的排队模型包括一个队列和一位服务者，通常称为 M/M/1 队列。在这个简单的排队系统中，假设到达时间服从泊松过程，服务时间服从指数分布。作为最基本的排队模型，M/M/1 允许用封闭形式的表达式来计算底层系统的准确性能指标。它的扩展版本可包括多位服务者（如 M/M/c），也可放松随机到达时间和服务时间的分布假设（如 G/G/1）。

M/M/1 队列是一个随机过程，其状态空间由系统中表示客户数量的整数定义，包括正在服务的客户。M/M/1 队列的关键参数如下：

❑ 根据泊松过程，到达率为 λ。M/M/1 中的第一个 M 是对马尔可夫（无记忆）的恰当说明，表示到达时间间隔完全相互独立。当一个客户到达时，系统状态发生变化，系统中的客户数量加 1。

❑ 在 M/M/1 队列中，服务时间服从速率参数为 μ 的指数分布，其中 $1/\mu$ 是平均服务时间。和第一个 M 一样，M/M/1 中的第二个 M 也是对马尔可夫（无记忆）的恰当说明，表示服务时间完全相互独立。

❑ 根据先到先服务的排队规则，一位服务者每次只能为队列前面的一位客户提供服务。服务完成后，客户离开队列，系统状态发生变化，系统内的客户数量减 1。

❑ 对于 M/M/1 队列，人们假设队列容量（缓冲区）为无限大。因此，队列可容纳的客户的数量是没有限制的。

虽然看似非常简单，但是 M/M/1 队列的精确计算为包含很多相关子系统（排队网络模型）的更复杂的排队系统奠定了基础。图 3.14a 所示的是单个 M/M/1 队列的图形描述，图 3.14b 所示的则是排队网络的图形描述。

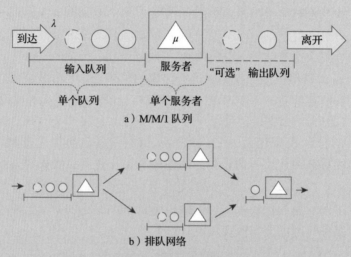

图 3.14 排队模型的简单描述

利特尔定律（Little's Law）是现代排队论的计算基础。利特尔定律由约翰·利特尔（John Little）于 1954 年提出。利特尔定律指出，静止（稳态）系统中的长期平均客户数（L）等于长期平均有效到达率（λ）乘以系统中客户花费的平均时间（W）。这一定律的代数表示如下：

$$L = \lambda W$$

虽然这个公式看起来简单且非常直观，但是却非常了不起，因为它表明这种关系不受到达过程分布、服务分布、服务顺序以及任何其他因素的影响。这意味着这个公式适用于任何系统，特别是系统内的系统。因此，在银行中，客户队列可能是一个子系统，每个柜员则是另一个子系统。利特尔定律的结果适用于每个系统和整体（即由系统组成的系统）。利特尔定律的唯一要求是系统是稳定且不可抢占的，这就排除了系统的开始（初始启动）或结束（逐渐下降至关闭）等过渡状态。

3.7.2 离散事件模拟是如何工作的

只要模型开发、确认且验证后，就可以根据实验设计运行模拟，以测试和评估很多假设分析和假设场景的结果。离散事件模拟的主要活动可以分成三个主要阶段：开始（模拟的初始化）、运行（执行模拟）和结束（总结和报告模拟结果）。图 3.15 所示的是离散事件模拟执行过程逻辑流的描述。

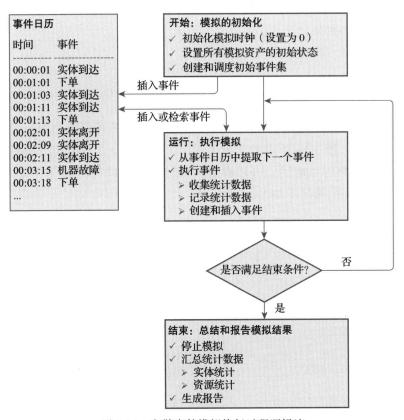

图 3.15　离散事件模拟执行过程逻辑流

第1步：开始（模拟的初始化）

在模拟的开始阶段，事件日历自然是空的，没有要执行的事件。为了让模拟开始执行，我们需要将模拟时钟设置为零，将系统变量和统计数据收集参数设置为初始状态，将初始事件集插入事件日历，确定并记录模拟结束条件。

只要完成了模拟模型的参数初始化，模拟就进入从事件日历中移除和执行事件的迭代过程。模拟一直会持续进行，直到达到模拟结束条件。模拟结束条件可以基于预先指定的模拟持续时间、特定数量的客户到达或离开，以及模拟的实际执行时间。以下是在这个阶段执行的典型任务：

- ❑ 初始化模拟时钟，将其设置为零。
- ❑ 初始化系统变量。
- ❑ 安排初始事件集。
- ❑ 建立并记录模拟结束条件。

第2步：运行（执行模拟）

在离散事件模拟的运行阶段，事件按照事件时间的顺序逐个执行，然后被从事件日历中移除。图 3.16 所示的是事件时间（从 e_2 到 e_n）和相应的模拟时间推进（从 TA_1 到 TA_n）的图形描述。可以看出，预定事件之间的时间完全是不均匀的，这将导致模拟时间的推进不均匀。

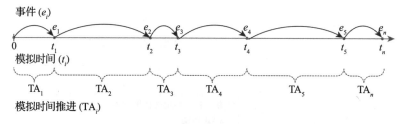

图 3.16 离散事件模拟时间的推进

只要事件从事件日历中删除，就会根据指定的活动集被"执行"。每类事件都有不同的活动集和活动顺序。例如，客户到达事件通常包括以下活动：（1）将模拟时间提前到当前事件时间；（2）创建下一个客户到达事件；（3）更新客户到达统计数据；（4）如果模拟完成情况是基于客户到达数量的，那么检查模拟的完成情况。以下是在这个阶段执行的典型任务：

- ❑ 从事件日历中删除嵌套事件。
- ❑ 将模拟时钟设置为当前事件时间。
- ❑ 更新变量值（改变系统状态）。
- ❑ 收集相关数据和统计数据。
- ❑ 检查模拟结束条件。

第 3 步：结束（总结和报告模拟结果）

只要模拟结束了，模型的逻辑就跳转到模拟结束阶段。在这个阶段，在模拟运行期间收集的数据和统计数据会被汇总、组织并（以表格和图形形式）展示给决策者。基于从这些结果中获得的洞见，决策者可以进行假设分析（操纵系统参数）以评估洞见对系统输出的影响，从而为手头的问题找到可能的最佳解决方案：

- ❑ 汇总实体和资源的数据或统计数据。
- ❑ 生成模拟报告。

3.7.3　离散事件模拟的术语

离散事件模拟建模有自己的语言。以下是离散事件模拟中使用的特定术语的简要定义。

1. 实体

在模拟术语中，流经系统的对象通常称为实体。例如，制造系统模拟中的物理小部件被建模为实体，出现在医院急诊室的患者或出现在快餐店的顾客也被建模为离散事件模拟中的实体。实体在模型中移动时受到很多活动的影响。它们在不同站点所花费的时间以及不同事件之间的时间被记录为统计数据。这些统计数据被用于在模拟结束时计算实体的相关指标。

2. 资源

资源是完成模拟模型中向实体提供服务所需的单个或集合对象。例如，在医院急诊室的模拟模型中，护士、医生和接待员都是资源，检查室和 X 光机或 MRI 仪也是资源。模拟模型会跟踪这些资源的使用统计数据，以评估其容量限制。如果资源 90% 的时间都处于忙碌状态，那么它就可以被标记为瓶颈，需要进行加速或并行化处理，以增加处理流量和最终吞吐量（24 小时白班就诊的患者数量）。

3. 队列

如前所述，大多数业务流程模拟都是使用排队特征建模的。在业务流程的排队描述中，每个站点资源组合（统称为服务者）的前面都有一个队列，服务者忙碌时进入的实体将排队等待。只要服务者空闲，等待的实体（如果有的话）就可以被服务者服务。如果有多个实体等待服务，那么由排队规则或实体删除逻辑决定推进哪个实体。排队规则可以如先到先服务般简单，也可以像最低延迟交货成本（为订单中交货日期最早的实体提供服务，以尽量减小延迟交货的可能性）一样复杂。

4. 服务者

在离散事件模拟模型中，服务者是服务实体和实体转换的过程中特定位置或逻辑步骤的资源组合。只要实体获得了服务者的服务，它的状态就会改变（更新一个或多个参数值）。根据定义，虽然服务者与资源类似，但是却不同于资源。服务者封装了一个或多个资源。这些资源聚集在一起，在模拟过程中的特定物理或逻辑点对实体进行转换。

5. 事件

在离散事件模拟模型中，事件是所有活动的描述，这些活动会在特定时间点共同改变系统状态。一个事件可能包含多个活动中的一个。这些活动既可能相互关联，也可能不相互关联。将这些活动聚集在一个事件中的是它们的发生时间。在排队型模拟模型中，典型事件包括客户到达事件、机器故障事件和客户离开事件。如前所述，这些事件都包含很多活动，这些活动可以模拟正在建模的实际系统中发生的事件。

6. 事件列表

模拟模型维护着一个模拟事件列表。这个列表有时被称为待处理事件列表或事件日历,因为其中列出了作为先前执行的事件的结果而创建,但是本身还没有被执行的事件。事件由其发生时间和类型来描述,表示为了模拟这个事件而执行的功能(导致系统状态改变的多个活动之一)。事件代码通常包含用于在不同条件下区分和执行特定类似事件的参数。待处理事件集通常被组织成按事件时间排序的优先级队列。换句话说,无论事件是以什么样的顺序被添加到事件集中的,它们都严格按照时间顺序被删除。通常,随着模拟的进行,事件是被动态调度的。例如,在前面提到的银行示例中,特定时间的客户到达事件将包含后续的客户离开事件的创建,以及客户队列是否为空和柜员是否空闲的事件的创建。

7. 状态

系统的状态由所有系统变量的值组成,这些变量共同获取和表示所研究系统的显著特性。当变量的值发生变化时,系统的状态也会发生变化。在数学上,状态随时间的变化可以用阶跃函数表示。每当发生会改变系统变量值的事件时,系统的状态就会发生变化。

8. 模拟时钟

模拟时钟必须以适合被建模系统的测量单元跟踪当前的模拟时间。在离散事件模拟中,模拟时间按照时间顺序从一个事件时间跳转到下一个事件时间。这与连续模拟中的情况相反。在连续模拟中,模拟时钟是连续推进的。

9. 随机数生成器

模拟需要根据系统模型生成各种随机变量。这是由一个或多个伪随机数生成器完成的。如果模拟需要以相同的行为重新运行,那么使用伪随机数而不是真随机数是有益的。

10. 参数

实体和资源通常具有模拟模型必须定义且正确管理的特定特征。在离散事件模拟模型中，这些特征是使用参数表示的。例如，对于到达医院急诊室的患者，可以使用一个参数来定义其病情。在模拟的运行过程中，这个条件参数可以确定患者在队列和不同顺序的诊疗人群中的优先级。类似地，我们可以使用一个参数来跟踪制造过程中小部件所属的客户订单。然后，可以使用这个参数来执行复杂的排队规则。

11. 统计数据

模拟通常会跟踪系统的统计数据。在模拟结束时，这些统计数据有助于对感兴趣的性能指标进行量化。在银行示例中，跟踪客户的等待时间是很重要的。在模拟模型中，性能指标可以由收集的数据或副本（不同次模型运行）的均值驱动。

12. 结束条件

因为事件是通过相互关联的方式来创建新的未来事件的，所以从理论上讲，离散事件模拟可以永远运行下去。因此，模拟模型必须确定模拟何时需要结束。典型的时机包括：（1）在一段时间（如8小时或7天）以后；（2）服务一定数量的实体（如创建一定数量的客户或一定数量的客户离开）后；（3）当收集到足够多的数据，能够可靠地计算所需的统计指标时。

3.8 系统动力学

连续系统的模拟通常是由一系列微分方程定义的。这些微分方程共同指定系统状态变化的速率。模拟软件使用数值积分来生成微分方程组随时间变化的解。系统动力学是一种创建复杂系统因果模型的图形方法，通常用于评估连续模拟。

系统动力学建模最初称为工业动力学，是由麻省理工学院斯隆管理学院的Jay Forrester 提出的（Jay Forrester，1958）。Forrester 使用这种方法来研究工业系统动力学的因果关系和集体行为、复杂系统的原理、城市环境的性质以及大规模的世界动力学。在系统动力学中，Forrester 强调复杂系统中行为变化、动作 – 反应体系以及最终改进的重要性。

在基础哲学和理论方面，Forrester 注意到，复杂系统中存在大量在反馈回路中有因果联系的变量，而反馈回路本身也存在系统性的相互作用。这些反馈回路之间的系统性联系建立了系统的结构及其集体行为。为了准确表示复杂系统的结构，建模者应当对现实世界的系统进行透彻的分析，以确定：（1）系统的边界（考虑所有重要的交互元素，排除不影响预期系统行为的元素）；（2）反馈回路（在定义的边界内发现因果循环，将其性质描述为正或负，并绘制它们之间的相互作用）；（3）速率或流量以及存量或水平（速率和流量用于表示元素之间的关系，存量或水平用于表示元素的累积数量）；（4）模拟环境（用于发现主导的反馈回路，预测时间延迟的影响，以及采取行动增加新的回路或者打破或完善现有的回路）。

在基于系统动力学的模拟建模中，通常用四个关键特征来表示系统结构，这些特征共同构成了这个方法的原则。这四个特征分别是：（1）阶数，即层次的数量；（2）方向，即反馈要么为正，要么为负；（3）非线性，即引发优势转移的回路之间的非线性关系；（4）回路的多样性，即管理、经济或社会情况的恰当表示以及建模者在确定使模拟模型更贴近底层真实过程的相关变量时所面临的复杂性。Forrester 按以下顺序定义了高级系统动力学方法：

1）确定影响系统的复杂关系以及相关的关键变量。
2）构建能够揭示变量间联系的反馈回路。
3）通过考虑获取系统内组件间相互关系的速率和水平，将反馈回路转换为数学模型。
4）确认回路和关系的定义，并通过比较模型的结构与行为和现有的现实世界情况来验证模型。
5）设计一组实验来发现可能提高系统性能的备选行动方案。
6）进行灵敏度分析，以评估系统模型内各个组件的灵敏度和稳健性水平。
7）根据基于系统动力学的模拟建模结果提出建议。

这种系统动力学方法意味着人类的创造力在问题的确认和构建、反馈回路设计以及对潜在关键变量的建模方面发挥着关键作用。如果执行得当，系统动力学模拟有助于发现源自底层系统动态行为的未知和意外结果。前面概述的 Forrester 的方法可以使用以下五个阶段在更高的概念层次上简化：

1）问题的结构化。

2）因果循环建模。

3）动态建模。

4）场景规划与建模。

5）实施与组织学习。

前三个阶段旨在确定问题的细节、正负回路以及反馈过程的效果。最后两个阶段旨在测试不同场景下的各种策略，以找到与提高所建模系统性能有关的紧迫问题的答案。同样的基于系统动力学的迭代模拟建模过程也可以通过以下阶段来描述：

1）**问题阐述**。这个阶段包括主题选择、关键变量识别、时间范围考虑和动态问题定义等任务。

2）**动态假设提出**。这个阶段包括初始假设生成、内生焦点设计和映射。

3）**模拟模型构建**。这个阶段包括结构说明、参数估计和一致性测试等任务。

4）**测试**。这个阶段包括比较参考模式，确认和验证模型，以及测量模型在极端条件下的稳健性。

5）**策略设计和评估**。这个阶段包括场景说明、策略设计、假设分析、灵敏度分析和策略交互等任务。

复杂连续系统的系统动力学建模不是简单的顺序过程，本质上，它通常是非线性的，而且涉及很多反馈回路。因此，在建模过程中，我们需要对提出的模型进行反复质疑、测试和改进，以达到所需的建模状态。建模的初始步骤，即问题的结构化以及定义问题空间的边界和范围的步骤，可能会在后续的建模过程中随着特定反馈回路的学习和实施而变化。从任何步骤开始到其他更早步骤的迭代和改进都是有必要的。这些迭代需要按需执行多次，直到模型变得稳定和成熟。

基于系统动力学的模拟建模丰富了系统论、信息科学、组织理论、控制论、战术决策、控制论和军事博弈。系统动力学还提供了一种新的思维方式，这种新的思维方式可以定义为整体系统性思维方法。通过在高层动态表示中对系统进行建模，系统动力学在本质上处理了难以察觉的复杂性、模糊性和缺陷问题。系统动力学提供了更好地理解、研究、可视化和分析由大规模、复杂、动态反馈定义的系统的方法。系统动力学将所有这些作为一种分析工具或语言来完成，能够研究和推断复杂性和动态因果关系。

这种系统动力学语言是可视化的和基于图标的，有其特殊的规则（语法）。它将感知转化为明确的图片（图表表示），并澄清了封闭的相互依赖关系。通过这样做，它提供了揭示系统行为和底层结构并对其进行建模的能力。系统动力学方法通常以结构化和分层的方式来研究跨越时间和空间的系统和策略之间的相互作用。

应用案例：使用系统动力学方法分析航空公司的 MRO 运营

这个案例从问题陈述开始。

问题

在商用航空业中，飞机的使用寿命通常为 30 年左右。在这段时间内，飞机需要维修才能继续服务。纯粹的维护、维修和大修（MRO）活动的成本是底层系统生命周期成本的重要组成部分，约占总成本的 10%。这个应用案例研究的目的是设计、开发并批判性地评估土耳其技术公司（土耳其航空公司的 MRO 部门）的综合运营模型。作为全球成功的大航空公司之一，土耳其航空一直在通过增加其服务的乘客数量、国内和国际的飞行目的地数量以及飞机机队的规模等增加其能力。能力的增加导致了资源的紧张 / 过度利用，并为其 MRO 业务带来重大挑战。

建议的解决方案

设计、开发一个综合系统动力学模型，以全面反映和批判性评估 MRO 运营的各个方面，帮助分析土耳其航空的各种决策场景和假设分析。在这个模型的开发中，主题专家的意见、经验和判断被用于识别关键变量及其相互关系，建立模型参数的初始条件。个人的心智模型，即便是善意的，也只能对 MRO 运营的因果过程提供有限的见解。因此，在这种情况下，我们采用了基于群组的集体模型构建方法。与大部分多专家知识萃取过程的情况相同，本研究中，我们也面临一些知识萃取的挑战。具体来说，会出现一些关于所提供知识的冲突，这些冲突可以通过领域专家之间的协商和妥协来解决。图 3.17 所示的是为本案例研究开发的高层系统动力学模型。

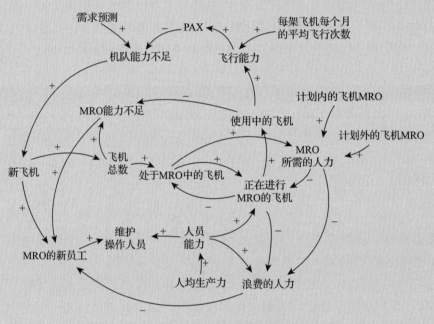

图 3.17　高层系统动力学模型的结构和边界

发现

　　开发的系统动力学模型通过为彻底、真实地测试各种 MRO 操作的负载和机队扩展策略备选方案奠定基础来提供独特的机会。开发的模型还可以被用作"学习实验室"。在实验室中，我们可以评估各种底层系统参数的影响和边界（灵敏度），测试不同高层运营策略的价值和可行性。案例研究的结果表明，MRO 运营对可用适航飞机的数量和可用座位容量有直接影响。为了维持机队盈利，航空公司应当考虑现有的飞机和新的飞机在 MRO 运营方面的独特特征和需求。

有关这个应用案例研究的更多详细信息，请参见本书作者及其土耳其同事发表的论文（Tokgöz et al., 2018）。

3.9 其他类型的模拟模型

其他类型的模拟模型包括前瞻模拟、视觉交互模拟和基于代理的模拟。

3.9.1 前瞻模拟

模拟模型通常用于确定问题的根本原因并提高现有系统的性能。有时也可以开发模拟模型来研究不存在的系统。这样的模型可以帮助进行假设分析，以优化实际系统的理想系统参数。例如，NASA 使用模拟模型来评估一组复杂参数，以降低潜在风险。有时，开发模拟模型是为了预见给定复杂系统的未来状态。这些模拟模型通常称为**前瞻模拟器**。使用有关现有系统的当前可用数据、信息和知识开发研究未来风险的模型。例如，对于核反应堆，模拟模型可评估几个小时或几天以后的系统状态。这种评估有助于确定和预防不良的系统结果。

3.9.2 视觉交互模拟

视觉交互模拟（Visual Interactive Simulation，VIS）又称视觉交互建模（Visual Interactive Modeling，VIM）和视觉交互问题解决。它是一种模拟方法，可以在做决策的时候让决策者看到模型在做什么以及模型是如何与所做出的决策交互的。这项技术已经在运营管理决策支持系统中取得了巨大的成功。用户可以在与模型交互时利用它的知识来确定和尝试不同的决策策略。有关问题和所测试备选方案影响的增强学习可以而且确实会发生。决策者对模型验证也是有贡献的。使用视觉交互模拟系统的决策者通常支持并信任它们的结果。

视觉交互模拟使用动画计算机图形来展示不同管理决策的影响。这种图形与常规图形的不同之处在于用户可以调整决策过程并查看干预结果。视觉交互模型是用作决策或问题解决的组成部分的图形，而不仅仅是作为通信设备。有些人对图形显示的反应比其他人更好，这类交互可以帮助管理人员了解决策情况。

视觉交互模拟可以表示静态系统，也可以表示动态系统。静态模型每次显示一个决策备选方案结果的视觉图像。动态模型显示以动画表示的、随时间演化的系统。通过与虚拟现实的概念相结合，最新的视觉模拟技术在虚拟现实中创建了一个人造世界。这个人造世界可以用于从训练到娱乐，再到在人工景观中查看数据等多种目的。例如，美国军方使用视觉交互模拟系统来让地面部队熟悉地形或城市，以快速确定自己的方位。飞行员还可以使用视觉交互模拟通过模拟攻击来熟悉目标。视觉交互模拟软件还可以包含 GIS 坐标。

3.9.3　基于代理的模拟

基于代理的模拟建立在基于代理的建模之上，其中给定系统的元素使用自主代理进行建模。代理是现实世界的对象、元素及其属性和行为特征的封装。代理可以表示单个原子对象或者由原子对象、元素集合组成的复合对象。只要将各种代理（原子代理和复合代理）组合在一起，它们就构成了一个多代理系统的复杂结构。通常，使用简单的属性和行为对个体代理建模。因此，当个体代理聚集在一起成为群体系统时，描绘群体智慧的群体智能行为就会涌现。也就是说，在一般意义上的建模中，个体代理可以具备并部分表现出学习行为或智能行为。而且，个体代理还可以通过互联网在不同系统之间移动（移动代理）。在模拟建模中，个体代理通常被建模为简单元素，而代理的群体系统则被建模为底层复杂的不断进化的学习系统或智能系统的丰富表示。

基于代理的模拟（Agent-Based Simulation，ABS）建模在模拟领域中相对较新。虽然使用代理对复杂系统进行建模的想法可以追溯到 20 世纪 40 年代，但是在 20 世纪第一个十年的中后期这个想法就开始出现在模拟领域中了。基于代理的模拟是一种复杂的计算模型。它用于模拟自主代理（个体实体或集体实体，如个人或组织）的动作和交互，以评估它们对整个系统的影响。基于代理的模拟的基础是博弈论、复杂系统、计算社会学、多代理系统和进化规划。传统上，基于代理的模拟是用于生物学、生态学和社会科学等非计算相关的科学领域的。这些类型的基于代理的模拟模型寻求有关（通常是在自然系统和生态系统中）遵循简单规则的代理的集体行为的解释性洞见。如今，基于代理的模拟模型被用于其初始生态受限领域之外的复杂系统，而且正在成功地应用于特定的业务和工程问题。

基于代理的模拟模型是一种微尺度模型。它模拟多个代理同时进行的操作和交互，试图重新创建和预测复杂系统的集体行为。这个过程是从较低（微观）层次的元素（代理）到较高（宏观）层次的系统（复杂现象）的过程之一。因此，基于代理的模拟建模中的一个关键概念是管理代理的简单行为规则会在系统层次上生成复杂的行为。这项规则在建模社区中被广泛采用。另一个核心规则是整体大于部分之和。个体代理通常被描述成是有限理性的，即假设它们会按照自己的利益（如繁衍、经济利益或社会地位）行事并使用启发式决策规则或简单决策规则。基于代理的模拟建模还可以描绘学习、适应和繁衍过程。

大多数基于代理的模拟模型由以下部分组成：（1）在不同层次和尺度（通常称为代理粒度）指定的众多代理；（2）个体代理层次的决策启发式信息；（3）学习规则或适应过程；（4）交互拓扑；（5）环境。基于代理的模拟模型通常作为定制软件或者通过基于代理的模拟开发工具包在计算机上实现。然后，我们就可以使用相同的软件对个体行为的某些变化如何影响系统中新出现的整体行为进行假设分析。

基于代理的模拟的应用可应用于很多领域，包括：

- ❏ 自然科学。
- ❏ 商业、工程和技术（描述组织行为、团队动态、消费者行为、社交网络和物联网或无线传感器网络等方面的变化）领域。
- ❏ 经济学和社会科学（经济和社会动态的逐渐变化）。
- ❏ 公共安全和保障（传染病、流行病、自然灾害规划和生物战等的演化）领域。

👥 3.10　模拟建模的优点

模拟用于决策支持建模的原因如下：

❑ 模拟的理论定义明确且非常简单。

❑ 模拟可以大幅压缩时间，很快就能让经理对很多策略的长期（1～10年）效果有所了解。

❑ 模拟是描述性的而不是规范性的。这样，经理就可以提出假设的问题。管理人员不仅可以使用试错法来解决问题，并且可以更快、更省钱、更准确和风险更小。

❑ 管理者可以通过实验来确定哪些决策变量以及环境中的哪些部分是真正重要的并采用不同的备选方案。

❑ 准确的模拟模型需要对问题有深入的了解，因此会迫使管理支持系统的构建者持续与管理人员互动。这对于决策支持系统的开发来说是可取的，因为开发人员和管理人员都可以更好地了解问题和可用的潜在决策。

❑ 模拟模型是从管理人员的视角构建的。

❑ 模拟模型是针对特定问题构建的，通常无法解决其他问题。因此，管理人员不需要有一般性的理解。模型中的每个组件都对应于真实系统的一部分。

❑ 模拟可以处理非常广的问题类型（如库存和人员配备）以及更高层的管理功能（如长期规划）。

❑ 模拟通常可以包括问题的真正复杂性而不需要简化。例如，模拟可以使用真实的概率分布而不是近似的理论分布。

❑ 模拟会自动生成很多重要的性能指标。

❑ 模拟通常是唯一可以轻松处理问题相对非结构化的决策支持系统的建模方法。

❑ 有蒙特卡罗模拟等相对易用的模拟包。我们可以找到 @RISK 等电子表格的插件包、影响图软件、Java（和其他 Web 开发）包，以及稍后将讨论的可视化交互模拟系统。

3.11　模拟建模的缺点

模拟的主要缺点如下：

❑ 虽然不能保证有最优解，但是通常都能找到比较好的解。

❑ 虽然较新的建模系统比较早的建模系统更易于使用，但是模拟模型的构建可能是一个缓慢且成本高昂的过程。

❑ 因为模型包含了独特的问题因素，所以模拟研究的解决方案和推论通常无法迁移到其他问题。

❑ 模拟有时很容易向管理人员解释，以至于分析方法常常被忽视。

❑ 由于形式化求解方法的复杂性，模拟软件有时需要我们具备特殊的技能。

3.12 模拟软件

很多模拟软件包都可以用于各种建模和决策情况，其中的一些作为基于 Web 的系统运行。ORMS Today 会定期发布有关模拟软件的评论（https://pubsonline. informs.org/magazine/orms-today）。Analytica（Lumina Decision Systems）、Excel 的 Crystal Ball 插件（现在由 Oracle 作为 Oracle Crystal Ball 销售）和 @RISK 插件（Palisade Corp.）都是值得关注的软件包。Simio（由 Simio LLC. 销售）和 Arena（由 Rockwell Intl. 销售）是两个主要用于离散事件模拟的商业软件包。ExtendSim 是另一个流行的离散事件视觉交互模拟软件应用。SAS 将模拟软件作为 OR 产品的一部分，OR 称为 Simulation Studio（www.sas.com/en_us/software/simulation-studio. html）。更多有关模拟软件的信息，请参考国际建模与模拟学会。

分析的成功案例：壳牌通过模拟建模优化墨西哥湾的运输系统

挑战

为壳牌设计一项战略，将船舶的使用从每个设施的专用支持船舶重新定义为很多设施共享一艘船（"战略"）。壳牌与多家船舶供应商签订了合同，以支持其全球资产的物流需求。由于多个离岸地点需要来自多个港口设施的供应，因此船舶的需求可能不规则但非常高。因为港口设施的存储容量有限，所以协调物料运达基地的计划和预期装载时间可能是富于挑战的。

壳牌发现，提高船舶的运力的利用率，减少闲置时间，以及利用 IT 工具协调和优化需求是战略成功的关键。

方法

Simio 是一种概率船舶调度软件。使用 Simio 工具（"Simio"）来确定壳牌创建模拟模型的组件和所需输入。Simio 通过优化航次，主动共享开往相同油田区域的船舶，并最大化船舶的海上资产物料移动能力，从而实现对预期运营的预测性分析。

建模人员能够使用这个工具的模拟能力来确定模型配置的有效性，并进一步确定对齐操作偏差的机会。此外，它有助于确定可能向调度员暴露的用于调整设置以更好地反映"典型"操作的参数（如提升率或散装装载时间和船舶通过速度）。

使用模型和迭代更新的信息有助于创建时间表，这个时间表能够支持设计供应商、船舶和离岸位置的深入运营规划。使用最新的天气、需求要求和船舶信息，这个 IT 工具可以优化船队的使用率并提高港口的运营效率。时间表数据会显示材料送达港口的时间，要装载到哪艘船上、预计的装载时间是多少、船只的运输路线以及卸载时间。

由此产生的时间表需要壳牌内部资源和第三方外部合作伙伴的广泛可见性。这是通过定期更新 Simio 门户（面向 Web 的软件即服务）的当前时间表来实现的。用户可以在 Simio 门户中查看他们的预定航程以便进行计划或确认。完整模拟过程的概念表示如图 3.18 所示。

结果

Simio 的输出既多样又全面。汇总统计数据使用户能够根据驱动运营的指标快速评估计划的质量。甘特图直观地显示了每项资产、单据、船舶和需求项目的详细信息，使用户能够从各个角度查看进度。可导出的仪表板和详细报告能够促进简单解释和约束分析。所有输出都是可定制的，这使用户能够对不断变化的业务目标做出反应。时间表最终确定后会发布到安全的 Web 门户网站上。

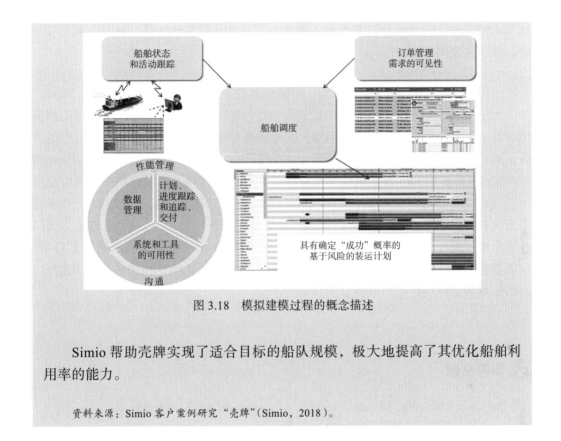

图 3.18　模拟建模过程的概念描述

　　Simio 帮助壳牌实现了适合目标的船队规模，极大地提高了其优化船舶利用率的能力。

　　资料来源：Simio 客户案例研究"壳牌"（Simio，2018）。

3.13　结论

　　本章概述了模拟建模。模拟建模是规范性分析中非常流行的推动者之一，仅次于优化。简单地说，模拟是在计算机中模仿和复制现实世界的系统和过程，以开展实验和假设场景的艺术和科学。蒙特卡罗模拟是简单实用的处理随机或概率业务和科学问题的技术，而离散事件模拟则是对高度复杂的随机业务流程进行建模和研究的技术。因为模拟可以对现实进行丰富的表现，可以包括实际系统的不精确、随机、概率性质，所以它适用于不适合使用优化型规范性分析的复杂系统。与优化相比，模拟更具描述性而不是规范性。它不是能够提供最优解决方案的工具。然而，模拟是一种描述现实世界系统性质的优秀技术，能够在细粒度级别生成急需的信息，以支持及时和准确的决策。当优化（数学规划类）解决方案不可行时，通常会使用模拟方法。

由于模拟软件产品的多功能性，对模拟软件产品的需求一直在增加，因而产生了大量提供工具和服务、咨询的公司。在分析市场中，人们可以找到狭义的模拟工具（特定于某个行业或某类问题）以及声称有能力解决这种情况的通用广谱软件工具。常见的软件工具包括 Simio、Arena、ProModel、AnyLogic、GoldSim 和 SAS Simulation Studio 等。现代模拟建模工具利用直观的图形用户界面使得对复杂系统建模变得很容易。然而，如同优化的情况一样，出色的模拟建模在于表征真实系统并将其表示为适当抽象的方式。从真实的系统、子系统、问题转换为如同计算机模拟模型一般的丰富且准确的表示或抽象对象仍然更像是艺术而不是科学。这需要勤奋学习，深入理解底层的现实世界系统，收集所有相关的数据和信息，并细致地表示底层组件及其逻辑关系。

📖 参考文献

Forrester, J. W. (1958). Industrial dynamics: a major breakthrough for decision makers. Harvard business review, 36(4), 37-66.

"Gartner Identifies the Top 10 Strategic Technologies for 2010," https://www.gartner.com/newsroom/id/1210613

"Gartner Identifies the Top 10 Strategic Technology Trends for 2013," https://www.gartner.com/newsroom/id/2209615

"Gartner Predicts Business Intelligence and Analytics Will Remain Top Focus for CIOs Through 2017," https://www.gartner.com/newsroom/id/2637615

Lazzaroni, M. (2012). "Modeling Passenger and Baggage Flow at Vancouver Airport," https://www.simio.com/newsletter-pdfs/Modeling-Passenger-and-Baggage-Flow-at-Vancouver-Airport.pdf (accessed November 2018).

Simio, Customer Case Study, "Shell—Optimizing Transport Systems in the Gulf of Mexico," available at https://www.simio.com/case-studies/Optimizing-transport-systems-in-the-gulf-of-mexico/full-case.php (accessed November 2018).

Simio, Customer Case Study, "Vancouver Airport Case Study—Optimizing Airport Processes," available at https://www.simio.com/case-studies/Vancouver-Airport/

index.php (accessed November 2018).

Smith, Jeffrey S., Sturrock, David T., and Kelton, W. David (2018). *Simio and Simulation: Modeling, Analysis, Applications*, Fifth Edition, Published by Simio, LLC. (www.simio.com).

Tokgöz, A., Bulkan, S., Zaim, S., Delen, D., and Torlak, N. G. (2018). "Modeling Airline MRO Operations Using a Systems Dynamics Approach: A Case Study of Turkish Airlines." *Journal of Quality in Maintenance Engineering*, 24(3), 280–310.

第 4 章

多准则决策

决策是我们生活中任何行动、任何反应或任何事情的基础。我们人类是决策者。我们所做的一切都是我们有意或无意所做决策的结果。信息是做出更好决策的主要因素。信息的质量、数量和及时性是良好决策的关键组成部分。也就是说，并非所有信息都是有用的。不相关的冗余信息可能不利于决策。**信息过载**（Information Overload）的概念通常用于强调过多信息可能对人类决策产生的负面影响，特别是当决策是在没有以计算机为中介的决策支持系统帮助的情况下做出的时候。这并不意味着在做决策的时候应当忽略信息。相反，它强调的是合适数量和恰当信息上下文的重要性。有时，当信息难以获得或者根本不存在时，我们会根据直觉、第六感、个人偏好和偏见（所有这些都可能通过我们的生活经历建立）做决策。在这种情况下，更长和更丰富的经历会使决策者在同行中更为老练。随着数据和信息变得唾手可得，依赖经验和第六感驱动的决策已经失去了吸引力和实用性。现在，新的趋势是基于数据、信息和科学的方法和方法论进行决策。

西蒙的决策理论清楚地将决策过程划分为四个连续的阶段：情报、设计、选择和实施。第 1 章讨论了流状结构在决策过程中的重要性。每个连续阶段都依赖前一个阶段的输出。如果特定阶段的活动没有带来理想的结果，那么这个结构还允许对前一阶段进行反馈和重新激活。这样的决策过程从情报阶段开始，在情报阶段收集相关的数据和信息并定义问题或机会。这个阶段的信息质量奠定了最终决策质量的基础。除了问题（或机会）的明确定义之外，确定解决方案的备选方案和定义比较这些备选方案的适当标准在决策中都是很重要的。如果对问题的情况进行了过度简化，那么可能不得不处理以有明确定义的单一简单目标、有限备选方案，以及单一易于测量的可量化准则等为特征的简单决策。但是，在大多数情况下，你会面临以有很多目标（往往会相互冲突），有时几乎有无限的备选方案，以及存在众多准则等为特征的决策情况。在如此复杂的情况下做出理性决策需要使用科学的方法来确定"最佳"决策，而不是做出不切实际的、过度简化的假设。人们提出了一系列科学方法来解决这些复杂决策，这些方法通常被称为多准则决策方法。

多准则决策方法（Multi-Criteria Decision Method，MCDM）又称多准则决策分析（Multi-Criteria Decision Analysis，MCDA），主要用于支持决策者在复杂决策过程中的决策。多准则决策方法提供了合理的方法和相关的科学技术，可以为给定问题找到无须折中的合理解决方案。多准则决策方法强调将决策者置于决策过程的中心。多准则决策方法不是为每位决策者提供相同解决方案的自动化方法。相反，这些方法可整合主观信息，实现定制化和情境化解决方案。主观信息又称偏好信息，通常是由决策者或利益相关者提供的。主观信息最终会带来定制化和情境化解决方案。

多准则决策方法作为一组决策支持机制已经存在很长时间了。多年来，其方法的深度和广度都有了显著的提高。每一次新的进步都使它具备了更强的处理复杂情况的能力，而对问题情况的表示丰富性却很少甚至根本没有妥协。虽然多准则决策方法是一门独立的学科，但是它需要依赖数学、管理学、信息学、心理学、社会科学和经济学等其他学科。因为现在它可以用于解决需要做出重大决策的、具有任意复杂度的问题，所以它的应用正在呈指数级扩大。在专业环境中，这些决策可以是运营层面的、战术层面的或者战略层面的，具体取决于决策的时间视角。

人们开发了很多方法来解决多准则决策问题。这种开发在学术界和工业界都在持续进行。从与多准则决策方法相关的出版物数量呈指数级增长中可以很清楚地看出这一点。这种扩展可归因于：（1）需要理性决策、最优决策的问题过于复杂；（2）数据、信息和计算能力的可用性；（3）由于不断增加的联系和合作机会而带来的研究人员的效能和效率的提升；（4）针对多准则决策方法中遇到的不同类型的问题开发的特定方法的兴趣和价值实现。计算方面的进步加上一系列通用和专用软件工具，如包含宏的电子表格、现成的实现以及 Web 应用或智能手机应用，已经使得更广泛的受众更容易使用多准则决策方法并对其做出贡献、推动其发展。

🦾 4.1　决策的类型

人们面临各种个人和职业决策情况。在概念化的层面，这些与人有关的决策可以分为四种类型（Roy，1981）：

- ❏ **选择问题**。目标是选择单个最佳选项或者将选项组减少为等效或无可比拟的"好"选项的子集。例如，这类决策可能是经理为特定项目选择合适的人选。
- ❏ **排序问题**。选项被分类到有序的预定义组中，这些组称为**类别**（category）。排序的目的是根据描述性的、组织性的或者预测性的原因，按照相似的行为或特征对选项重新分组。例如，可以对员工进行评估以将其分成不同的类别，如分成表现出色的员工、表现一般的员工和表现不佳的员工。根据这些分类，可以采取必要的措施。排序方法对于重复使用或自动使用很有用。排序方法还可用作初始筛选，以减少后续步骤中需要考虑的选项数量。
- ❏ **排名问题**。选项是通过分数或成对比较的方式从最好到最差排列的。顺序可以是部分的（如果考虑不可比的选项的话）或者完整的。一个典型的例子是根据教学质量、研究专长和就业机会等多个准则对大学进行排名。
- ❏ **描述问题**。目标是描述选项及其后果。这通常是在理解决策特征的第一步中完成的。

除了这四种之外，多准则决策方法社区还提出了另外两种类型的决策：文献（Costa，1996）提出了消除问题，它是排序问题的一个特殊分支；文献（Keeney，1992）提出了设计问题，其目标是确定或创建新的行动，以满足决策者的目标和愿望。

👥 4.2 多准则决策方法的分类

现实中的决策通常很复杂。它们有多个相互冲突的目标或属性。人脑无法客观地解决如此复杂的问题，因此，我们经常会做不切实际的假设来去除大多数目标或属性（准则），从而使问题变得足够简单和可解决（这是有限理性应用于人类的固有结果）。这样得到的解决方案通常与实际问题的"最优"解决方案相去甚远，因此我们需要依靠科学方法和数学方法在情况中增加结构，以便更好地处理问题带来的复杂性。人们已经开发了很多数学方法和科学方法来更好地处理复杂的决策问题。有这么多方法的根本原因在于，每个问题都可能有独有的特征，特定的方法可以比其他方法能更好地处理这些独特的情况。

为了更好地理解为处理复杂决策而开发的这些数学或科学解决方案（通常称为多准则决策方法）的前景，在此我们进行了简单的分类。大体上，多准则决策方法可以分为两大类：多目标决策（Multi-Objective Decision-Making，MODM）和多属性决策（Multi-Attribute Decision-Making，MADM）（Hwang & Yoon，1981）。多目标决策方法研究空间连续的决策，其中可能有很多（通常是无限多）备选方案。多目标决策方法问题的典型例子是数学规划约束优化问题（其中可能有多个相互冲突的目标函数）。这个问题又称向量极大值问题（Kuhn & Tucker，1951）。多目标决策方法得到了包括线性规划在内的各种数学规划方法的广泛研究，具有完善的理论基础（参见第 2 章）。一般来说，多目标决策方法的决策变量值是在连续域或整数域（表示为无穷或大量可供选择的选项）内确定的，其中，最优值应该满足约束条件并为决策者的目标函数或目标产生最佳值。

多属性决策方法已经被用于解决具有离散决策空间和预先定义或有限数量的备选方案的问题（Pirdashti et al.，2011）。多属性决策方法需要在属性间和属性内进行比较，在这个过程中通常涉及隐式或显式的选项权衡。图 4.1 所示的是多准则决策方法的简单分类。

根据图 4.1，多目标决策方法包括多目标数学规划（Multi-Objective Mathematical Programming，MOMP）、目标规划（Goal Programming，GP）和进化算法（Evolutionary Algorithm，EA）。在多目标数学规划中，一个或多个线性或非线性目标函数在多个线性或非线性约束下进行优化。当目标函数和约束均为线性时，问题称为线性规划

（见第 2 章）问题。当至少有一个目标函数或约束为非线性时，问题称为多目标非线性规划问题。当所有目标函数和约束都为凸时，多目标数学规划问题就为凸问题；当至少有一个目标函数或约束集为非凸时，多目标数学规划问题就成了非凸优化问题。目标规划是用于处理决策问题的分析方法。在这些决策问题中，目标被分配给多个潜在冲突的属性，决策者通过最小化相应目标的不可达性来寻找令人满意且充分的解决方案。根据目标函数、决策变量和系数的性质，目标规划可以有多种类型。例如，目标函数可以是线性的，也可以是非线性的；决策变量可以是连续的，也可以是离散的，甚至可以是混合的；系数可以是确定性的，也可以是随机的或模糊的（Pirdashti et al., 2011）。

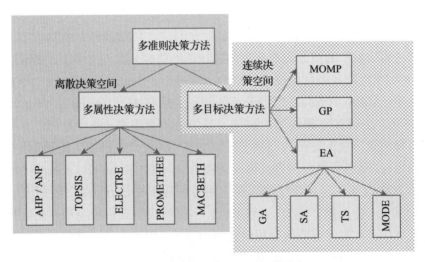

图 4.1　多准则决策方法的简单分类

　　为大多数现实生活中的多目标数学规划问题确定真正的全局最优解是一项困难的任务而且往往是不可能完成的。这些问题通常涉及大的解空间（有时是无限大的，在计算机科学的文献中通常被描述为非多项式困难问题，即 NP 困难问题），包含多个相互冲突的目标函数以及很多不确定的模糊参数。遗传算法（Genetic Algorithm，GA）、模拟退火（Simulated Annealing，SA）、禁忌搜索（Tabu Search，TS）和多目标差分进化（Multi-Objective Differential Evolution，MODE）等进化算法有可能可以解决这些问题。这些进化算法比多目标数学规划方法更可取，因为它们给出了为这些复杂决策提供解决方案的稳健、简单、灵活且易于理解的方法。

遗传算法以现实世界的进化过程为模型，使用**选择**和**变异**这两个关键原则对潜在可行的解决方案群进行定向搜索。选择模仿了现实世界现象中繁殖和资源的竞争性质，而变异则模仿了通过重组和突变创造不同生物的自然能力。由于大多数现实世界的问题过于复杂而无法用多目标数学规划问题最优求解，因此遗传算法在近年来受到了极大的关注。我们还应该记住，遗传算法既不会优化多目标数学规划这样的技术，也不能保证找到最优解。相反，它们是受现实世界现象启发的搜索技术，能够为给定的复杂问题找到令人满意的解决方案。遗传算法可以说是最受欢迎的进化算法，详见第 2 章。

在本章中，我们重点介绍多属性决策方法。尽管有很多种多属性决策方法，而且它们的逻辑和数学公式也千差万别，但是其中的很多方法都有一些共同特征。这些结构特征包括目标、备选方案和属性（或准则）、决策权重和决策矩阵。这里将对这些特征进行简要描述。

备选方案代表决策者可获得的不同可行行动方案。通常，假设备选方案集是有限的，从几个到几百个不等。备选方案应该被筛选、优先排序并最终排名。每个多属性决策问题都包含多个属性。

属性是做决策时使用的准则。属性代表可以查看备选方案的不同维度。当属性很多时，可以分层对属性分组，以便更好地结构化和表示它们。换言之，某些属性可能是主要属性。每个主要属性可能与多个子属性相关联。类似地，每个子属性可能与多个子子属性相关联，依此类推。尽管一些多属性决策方法可能会在问题的属性方面明确考虑层次结构，但是它们中的大多数都假设属性是单一层次的，即无层次结构。不兼容的属性度量会产生另一个问题。不同的属性可能需要考虑不同的度量单位。例如，在购买二手车时，成本和里程这两个属性可以分别用美元和千英里来度量。如果没有科学方法或数学方法的帮助，那么必须考虑到不同的单位会使多属性决策方法成为一个本质上更难表述和解决的问题。

目标是在综合考虑问题空间中所有属性的情况下选择最佳备选方案。因为不同属性代表备选方案综合性本质的不同准则维度，所以它们可能会彼此冲突。例如，质量成本可能与销售利润冲突。

　　决策权重是赋予不同问题属性的相对重要性。大多数多属性决策方法要求为属性分配重要性权重。这些权重通常被归一化，其和为 1。这些权重通常由特定的多属性决策方法采用的特定程序确定。

　　决策矩阵是所有决策参数的表格表示。多属性决策问题很容易用二维矩阵表示。决策矩阵 A 是一个 $M \times N$ 矩阵，其中元素 a_{ij} 表示根据决策准则 C_j 评估的备选方案 A_i 的性能（$i=1, 2, 3, \cdots, M$; $j=1, 2, 3, \cdots, N$）。同时，假设决策者已经确定了决策准则相对性能的权重（表示为 W_j, $j=1, 2, 3, \cdots, N$）。表 4.1 对这些信息进行了很好的总结。根据上述定义，一般的多属性决策问题可以定义为：

　　令 $A=\{A_i, i = 1,2,3,\cdots, M\}$ 是一个（有限的）备选决策集，$G=\{g_j, j = 1,2,3,\cdots, N\}$ 是一个（有限的）目标集，根据其中的目标可以判断行动的合意性。确定对所有相关目标 g_i 具有最佳合意性的最优备选决策 A*。

表 4.1　典型多属性决策问题参数的矩阵表示

备选方案	准则				
	C_1	C_2	C_3	$\cdots$	C_N
	W_1	W_2	W_3	$\cdots$	W_N
A_1	a_{11}	a_{12}	a_{13}	$\cdots$	a_{1N}
A_2	a_{21}	a_{22}	a_{23}	$\cdots$	a_{2N}
A_3	a_{31}	a_{32}	a_{33}	$\cdots$	a_{3N}
$\cdots$				$\cdots$	
A_M	a_{M1}	a_{M2}	a_{M3}	$\cdots$	a_{MN}

　　注：C 表示准则，A 表示备选方案，W 表示权重，a 表示对于给定的准则，备选方案的候选值。

4.2.1　加权和模型

　　为了说明表 4.1 所示的决策矩阵的效用，我们来考虑加权和模型这种最简单的多属性决策方法。在一些运营管理文献中，加权和模型被称为因素比重法（Factor Rating）。在很大程度上由于其简单性和易操作性（通常使用 Microsoft Excel 等软件），加权和模型可能是解决规模相对较小的多准则决策问题最常用的方法。图 4.2 所示的是使用因素比重法决策时所遵循的简单的五步过程。

　　使用这种方法，如果有 M 个备选方案和 N 个准则，那么所得到的方案就是能够最好地满足决策的备选方案。附加效用假设是支配这个模型的假设。也就是说，每个备选方案的总价值等于所有备选方案与其权重乘积的和。在一维情况中，所有单位都是相同的（如美元、英尺或秒），我们可以毫不费力地使用这种方法。在将这种方法应用于多维决策问题时可能会有困难。在组合不同维度和不同单位时，需要使用归一化机制。

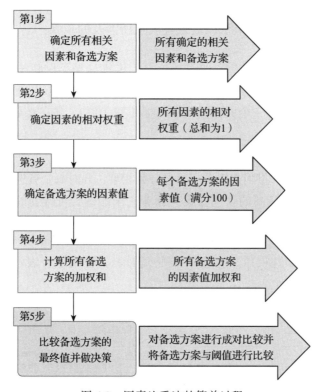

图 4.2 因素比重法的简单过程

4.2.2 实践示例：哪个位置最适合开下一家零售店

如前所述，加权和模型或因素比重法是一种相对简单的方法，可以应用于从个人到专业的一系列多准则决策建模情况。

在运营管理中，这种方法可以有效地选择最佳或最合理的位置。零售店选址的典型决策涉及定性和定量因素、属性、准则。根据决策者和组织的需求，这些因素、属性、准则在不同的情况下可能会有很大差异。

因素比重法的价值在于它通过为每个方案确立一个复合值，即备选方案权重和属性值的加权和，从而为所有备选方案的客观、总体和比较性评估提供了合理的基础。因素比重法使得决策者可以在决策过程中考虑其个人意见等主观指标和定量信息。

这里给出了使用因素比重法确定最佳决策所涉及的步骤：

1）确定哪些因素是相关的（如市场位置、供水、停车设施和营收潜力）。

2）为每个因素分配权重，以表明其相对于所有其他因素的重要性。

3）为所有因素确定一个共同的尺度（如 1 ～ 100），并在必要时设置一个可接受的最低分数。

4）对每个备选位置评分。

5）对于每个因素，将因素权重与因素分数相乘，并对每个备选位置的结果求和。

6）选择综合得分最高的备选方案，除非它未能达到可接受的最低分数。

图 4.3 所示的是这个六步决策建模过程结果的 Excel 屏幕截图，其中列表示备选方案及其相对重要性权重，行表示准则或因素。行列组合表示每个因素 – 备选组合的绝对值。

	A	B	C	D	E	F	G	H
1								
2				Alternatives			Weighted Sum	
3	Factors	Weight	Alt. #1	Alt #2	Alt #3	Alt. #1	Alt #2	Alt #3
4	Rental cost	0.30	90	80	50	27.0	24.0	15.0
5	Size	0.20	80	70	80	16.0	14.0	16.0
6	Shape/layout	0.10	85	60	90	8.5	6.0	9.0
7	Operating cost	0.10	45	50	40	4.5	5.0	4.0
8	Traffic volume	0.25	80	40	100	20.0	10.0	25.0
9	Distance to warehosue	0.05	40	30	50	2.0	1.5	2.5
10	Sum	1.00	*100: best; 0: worst			78.0	60.5	71.5

图 4.3　加权和模型的选址分析结果

下一节将简要介绍一些流行的方法。这些方法见图 4.1 左侧用深灰色背景标记的部分。

👥 4.3　层次分析法

层次分析法（Analytic Hierarchy Process，AHP）是最流行且最常用的多准则决策分析技术之一。层次分析法是由 Thomas L. Saaty 教授在 20 世纪 70 年代提出的。在提出之后，层次分析法得到了很多研究人员的研究和完善。在本质上，层次分析法是一种分层的问题结构化技术，能够使用数学知识和相对简单的算法组织、分析复杂（多属性或多目标）决策。

使用层次结构化技术，层次分析法将复杂决策简化为可管理的较小的子决策和简单比较。换句话说，层次分析法采用分而治之的理念为复杂的多面决策带来了秩序和简单性。由于其有效性和易用性，层次分析法已经成功解决医疗保健、能源、电信、营销、金融、科学和教育等领域中的复杂决策。层次分析法不是为决策情况规定最佳解决方案（在线性规划等优化方法中通常是这种情况），而是帮助决策者根据他们对问题细节的理解确定最适合其目标的解决方案或决策。层次分析法提供了整体合理的框架，可方便地构造决策问题，表示和量化其要素，将这些要素与总体目标相关联，评估备选方案，以及确定在当前因素或环境下的最优解决方案。

使用层次分析法要求决策者首先将决策问题分解为更小、更易于理解的子组件、子问题的层次结构，然后就可以轻松独立地分析每个子组件、子问题。结构化层次结构中的因素可以适应与决策问题相关的各种缺陷，包括可以表征为定量的或定性的、有形的或无形的、仔细测量的或粗略估计的、充分理解的或假设不足的属性和因素。层次分析法的优势之一是能够在决策分析过程中同时考虑客观和主观准则。

典型的层次分析法层次结构包括三层：决策者的目标、决策情况的准则（有形的、客观的与无形的、主观的）和备选方案（决策的潜在选择）。层次结构可以由决策者单独构建，也可以由决策者及其合作者共同构建。只要建立了层次结构，决策者就会系统性地评估其中的各种元素。这种评估是通过成对比较每个元素对层次结构中紧邻其上元素的影响来进行的。在进行成对比较时，决策者可以使用有关元素的客观具体数据，但是也可以使用自己对元素相对重要性的判断。在进行决策分析、评估和最终决策时，可以而且应该使用人的判断，而不仅仅是底层数据。这是层次分析法的核心属性和优势特征所在。

在分析过程中，层次分析法将决策者的客观和主观评价转换为数值。然后，在层次内部、层次之间和整体范围内对这些数值进行数学分析。为每个层次的每个元素派生一个数值权重（或优先级值），允许以客观、合理且一致的方式对不同且通常无法比较的元素进行比较。最后，以类似的方式计算每个决策备选方案的数值权重。这些权重表示备选方案在实现决策目标方面的相对适合度或优势。假设数值最大的备选方案被认为是最好的行动方案。与其他决策分析技术相比，这种能力是层次分析法最显著的特征之一。

虽然可以被做简单决策的个人使用，但是当利益相关者试图解决复杂问题，特别是那些涉及人类感知和判断的高风险问题且解决方案有长期影响时，层次分析法被证明是最有用的决策分析工具。如前所述，当决策的重要元素是主观的、意见驱动的，且难以量化或比较，利益相关者之间的沟通因不同的个性、经验、专业或专业视角而受阻时，层次分析法具有独特的优势。

最适合应用层次分析法的决策情况包括**选择**（从一组给定的备选方案中选择一个备选方案，通常涉及多个决策准则）、**排序**（将一组备选方案按照从最满意到最不满意的顺序排列）和**优先级排序**（确定一组备选方案中成员的相对优势或优点，而不是选择一个备选方案或者对它们排序）。层次分析法还可用于执行决策任务，如**比较智能**和**基准测试**（将一个人当前的做事方式或能力与其他最好的做事方式或能力进行比较）、**资源分配**（在一组备选方案中分配资源）、**质量管理**（处理质量和质量改进的多维方面）及**冲突解决**（解决目标或立场明显不相容的各方之间的争端）。

4.3.1　如何进行层次分析：层次分析的过程

对给定的多准则决策进行层次分析涉及一系列步骤，这些步骤的结果是对手头问题的数学化或数值化综合判断结果。因素多达数十甚至数百的情况并不罕见。虽然对较小的问题可以手工或者用计算器来计算，但是通常需要使用 Excel 等电子表格程序或者一些专业软件工具以及基于云计算的计算机环境来输入和综合判断。

对给定的复杂问题，使用层次分析法的一般性程序可以用图 4.4 所示的图形来说明。

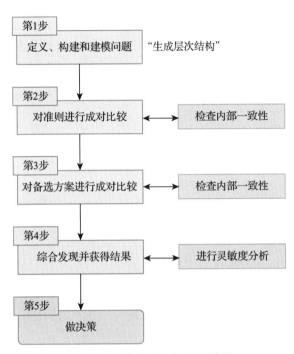

图 4.4　层次分析法的图形说明

第 1 步：定义、构建和建模问题

进行层次分析的第一步是构建问题的结构并将问题的层次模型开发为层次结构。在这个过程中，决策者收集数据和信息以深入理解问题，将问题——特别是准则恰当地分解为从一般到详细的层次，然后将其构建为层次分析法所需的多个层次。当决策者（和其他利益相关者，如果需要的话）努力构建层次结构时，他增进了对问题的理解，确定了不匹配的地方和上下文缺陷，并通过收集更多数据朝着理想且完整的层次结构移动。

层次结构是在多个不同层中对已定义系统的事物进行排序和组织的分层系统，其中系统的每个元素（除最上面的元素外）都从属于一个或多个紧邻上层中的元素。在层次分析法中，层次结构是建模或简化手头复杂决策问题的结构化方式。如图4.5所示，层次结构包括顶部的总体目标、底部的一组可选备选方案以及中间的一组充当目标和选项之间桥梁的因素。根据问题的复杂性，中间层中的准则层可以进一步细分为更多的子准则层。当准则过于笼统而无法直接判断和比较时，需要将其划分为子准则，以获取并表示准则的不同方面和强度。在准则和子准则之间创建层次结构时，需要追求特异性的最佳平衡，因为过多子准则层会导致成对比较呈指数增长，使比较过程更费力且不切实际。

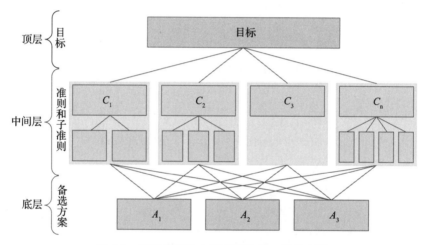

图 4.5　层次分析法中层次结构的一般化表示

　　层次分析法中任何层次结构的设计不仅取决于手头决策问题的复杂性和本质，还取决于可用数据以及决策问题中利益相关者的知识、经验、判断、价值观、需求和愿望。构建层次结构通常涉及数据收集、深入的头脑风暴和讨论以及参与该过程的利益相关者的研究。即使在构建层次结构的艰难过程之后，它也可以，而且通常会改变以包含新发现的元素。

第2步：对准则进行成对比较

　　只要构建了层次结构，参与者（决策者或利益相关者）就可以通过一系列成对比较对其进行分析，从而得出准则的数值尺度和衡量权重。在这一步中，将准则与目标进行成对比较来获得相对显著性。

优先级或权重是与层次分析法层次结构的准则相关联的数据。它们表示准则的相对重要性。与概率相似，优先级是 0 ~ 1 之间的绝对数字，没有单位。优先级为 0.20 的准则在实现目标方面的权重是优先级为 0.10 的准则的两倍，依此类推。根据手头的问题，权重可以指重要性、偏好、可能性或者决策者正在考虑的任何因素。

优先级根据其架构分布在一个层次结构上，其值取决于利益相关者在决策过程中输入的信息。在层次分析法的总体结构中，虽然目标的优先级、准则和备选方案密切相关，但是它们需要分别考虑和计算。根据定义，目标的优先级是 1.00。因此，备选方案优先级的和应当始终等于 1.00。多层次准则会使事情变得更复杂。如果只有一个层次，那么准则优先级的和必须是 1.00。如果有子准则，那么子准则优先级的和必须等于其父准则的优先级（而不是 1.00）。

成对比较。在大多数情况下，层次分析法通过成对比较来确定在给定目标下准则的相对重要性以及在每个准则下备选方案的优先级。使用成对比较的基本原理是一次比较两个事物比同时比较多个事物更容易。根据 Saaty 的研究，当人们对事物进行成对比较时，他们的判断会更一致、更准确（Saaty，1983）。心理学家经常使用这种技术对人和动物进行比较分析。例如，为了评估猫的食物偏好，心理学家倾向于一次呈现两道菜。猫通过吃一道菜来表明其偏好。成对比较通常以从 1 ~ 9 的等级进行评估。这个等级通常在特定领域的语言情景中呈现给决策者。表 4.2 给出了从语言到数值等级的转换。如表 4.2 所示，主要的重要性程度用奇数表示，而奇数之间的折中则使用偶数表示。心理学家认为 1 ~ 5 之类的较小范围无法提供与较大范围相同程度的细节，决策者在更大的范围内可能会犹豫不决。例如，在 1 ~ 100 的范围内，决策者很难区分 62 分和 63 分。因此，在实践中，1 ~ 9 的尺度被认为是最优的，被学术研究者和行业实践者普遍采用。

进行一致性检查。检查判断的一致性。从层次分析法模型获得的决策质量取决于决策者对成对比较判断的一致性。例如，在目标的上下文

表 4.2　确定决策者偏好的语言与数值范围的映射

重要性程度	定义
1	同等重要
2	微弱
3	中等重要
4	中等偏上
5	强烈重要
6	更强烈
7	非常强烈重要
8	非常非常强烈重要
9	极为重要

中，如果准则 C_1 比 C_2 更重要且 C_2 比 C_3 更重要，那么对于一致性的判断，预期 C_1 应该比 C_3 更重要。这不仅是在顺序等级上成立，而且是在大小上成立。换句话说，除了简单的重要性排序之外，我们还使用重要性程度（重要性的数值表示为 $1 \sim 9$）来判断准则的一致性。层次分析法模型中给定层次上所有成对比较判断的一致性被定义为单独的指标，这个指标称为**一致性指数**（Consistency Index，CI）。然后，我们将一致性指数除以随机指数（Random Index，RI）来计算一致性比率（Consistency Ratio，CR）。随机指数是由随机数模拟确定的（例如，500 个随机填充矩阵的平均一致性指数）。最后，使用一致性比率来总结评估或判断是否一致。如果是一致的，那么就可以进入层次分析法的下一步。如果一致性比率超过了预先确定的水平（通常是 0.1），那么就需要重复对一个或多个不一致的成对比较进行评估和判断，直到达到所需的一致性比率水平。

第 3 步：对备选方案进行成对比较

上一步在目标上下文中对准则进行成对比较。这一步与上一步相似，二者的主要区别在于，这一步中比较的是备选方案而不是准则。具体而言，所有备选方案都在每个准则的上下文中相互成对比较。换句话说，每次当比较的上下文受特定准则约束时，对每个准则重复对备选方案的成对比较。只要完成了所有比较且计算并验证了一致性比率，就可以计算每个备选方案的优先级。

进行一致性检查。与第 2 步中对准则成对比较的评估和判断的一致性进行检查和验证的情况一样，在这一步中，对备选方案的成对比较进行类似的一致性检查。给定一个准则，如果备选方案 A_1 比 A_2 更好且 A_2 比 A_3 更好，那么对于一致的判断，A_1 应该比 A_3 更好。使用偏好度指标或者 $1 \sim 9$ 的偏好数值表示来计算备选方案的一致性。首先计算每组成对比较在每个准则下的一致性，然后计算总体一致性比率。如果一致性比率超过预先确定的水平（通常是 0.1），那么就需要对一个或者多个不一致的成对比较进行评估和判断，直到达到所需的一致性比率水平。

第 4 步：综合发现并获得结果

在这一步中，综合层次分析法中各个层次的计算和验证结果，并根据优先级对备选方案进行排序。在做出最终决策之前，为了建立对所获得结果的信心，建议决策者对决策模型的主观参数进行假设分析，这个过程通常被称为灵敏度分析。

进行灵敏度分析。灵敏度分析是一系列多准则决策分析技术的常见做法。对已构建的解决方案进行灵敏度分析的目的是计算和观察已确定结果的强度和稳健性，从而建立对已确定的实施结果的共识和信任。灵敏度分析是一种实验技术，它在系统性改变模型参数的同时测量输出的可观测变化。在层次分析法中，这种技术通常用于测量已经找到的解决方案相对于为准则分配的权重的灵敏度。由于备选方案的总体优先级受相应准则被赋予的权重的影响，因此了解最终结果在准则权重发生变化时会如何变化非常有用。灵敏度分析使我们能够了解解决方案有多可靠以及解决方案的主要驱动因素是什么，即哪些准则对解决方案的影响最大。层次分析法的研究者和实践者都认为，灵敏度分析是决策过程的重要组成部分。在没有进行深入细致的灵敏度分析之前不应该做出最终决策。

第 5 步：做决策

根据综合的发现和备选方案的最终优先级排序以及灵敏度分析结果（更深入地了解准则和备选方案之间权衡的重要性），决策者可以做出最终决策。在做最终决策时，决策者应当查看最优选择与次优选择之间的优先级距离。如果它们的优先级排序非常接近，那么重新评估准则，重新对层次分析法结构进行最终批判性思考可能是值得的。

这里还有一句至理名言。虽然普遍认为层次分析法决定了应该做什么决策，但是实际情况是在做出最终决策时，层次分析法的结果只能作为信息，即基于考虑比较判断的不同准则的重要性程度的偏好和备选方案蓝图。换句话说，做决策的不是层次分析法，而是决策者。层次分析法可以确定哪个备选方案与准则最为一致以及备选方案的重要性程度。换句话说，层次分析法提供了一个结构化的、客观合理的过程，以便让决策者更好地理解问题的内部复杂性，从而做出明智且全面的决策。

4.3.2　用于群体决策的层次分析法

复杂的组织决策会影响很多人。标准的层次分析法可以适用于这种群体决策情况，前提是通过咨询多位专家和其他利益相关者可以在很大程度上减轻或者完全消除源自个人判断的偏见。有很多方法可以将参与者的知识、经验、偏好和判断结合起来形成共识。一般而言，意见的组合可以从问题构建步骤开始，即所有专家和利益相关者都参与目标、准则和备选方案的确定，使用头脑风暴或德尔菲方法作为集体知识萃取技术。只要确定了问题的结构，就可以让参与者先单独进行成对比较，再合并他们的结果。当有超过一个人提供判断时，冲突就是不可避免的。这些冲突可以通过更多的讨论、论证和妥协来解决。但是，这个过程可能既费时又困难。为了简化并潜在地加快流程，可以将整合推迟到备选方案的优先级排序步骤之后。也就是说，先由参与者单独完成所有成对比较并确定备选方案的优先级，然后再进行最终结果的整合。无论在层次分析法的哪个步骤进行整合，相信由多个专家或参与者生成的解决方案都会产生更好、更合理的结果。但是，需要注意的是，这样做肯定会花费更多的时间和精力。

以下是这个层次分析法过程的说明示例，其目标是决定购买哪辆车。

4.3.3　实践示例：购买新车

对于大多数人来说，虽然购买新车是一件令人兴奋的事情，但是也是一个相当具有挑战性的决策。它需要深思熟虑地考虑多个准则，而且其中一些准则是相互矛盾的。最大化汽车的吸引力、性能和安全性通常意味着愿意支付更高的价格。在这个示例中，我们假设买家已经决定购买一辆运动型多功能车（Sport Utility Vehicle，SUV），而且有能力购买中高价位的车。在考虑了大量准则之后，买家确定了四个准则：吸引力、安全性、性能和成本。吸引力准则可以分解为两个子准则：（1）品牌吸引力；（2）"我就是喜欢它！"。类似地，成本准则也被分解为两个子准则：（1）购买价格；（2）运营成本。备选方案被简化为以下三个：雷克萨斯RX 350、保时捷卡宴和特斯拉 Model X。图 4.6 所示的是问题的图形表示，即目标层、两个准则层和三个备选方案。

为了找到购买哪个 SUV 品牌这个问题的最优解决方案，我们采用了层次分析法的结构化方法。我们把问题从目标到备选方案分解成更小的块，进行简单的成对比较。通过准则的成对比较和随后的备选方案成对比较产生中间结果，使用中间结果共同构建最终结果。在这个示例中，我们使用 Transparent Choice 这一基于 Web 的层次分析软件环境。分析结果的屏幕截图如图 4.7 所示。如图所示，基于成对比较的汇总，考虑四个准则和子准则，特斯拉 Model X 最终胜出。所有准则和子准则的权重值显示在本地和全局两组。全局组展示了最高层中的准则或子准则的权重（对最终决策的贡献权重），而本地组则展示了父准则中子准则的权重，对于没有子准则的准则，全局权重和局部权重是相同的。

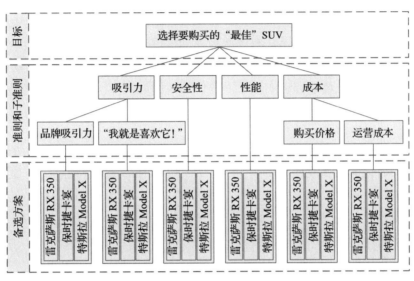

图 4.6　购车层次分析法模型的分层表示

汽车

汽车	总分（0～100）
特斯拉Model X	23.98
保时捷卡宴	8.12
雷克萨斯RX 350	4.46

准则权重

#	准则	权重	
		本地	全局
1.	吸引力	24%	24%
1.1.	品牌吸引力	83%	20%
1.2.	"我就是喜欢它！"	17%	4%
2.	成本	13%	13%
2.1.	运营成本	20%	3%
2.2.	购买价格	80%	10%
3.	性能	6%	6%
4.	安全性	57%	57%

图 4.7　使用 Transparent Choice 的层次分析法模型的解决方案

应用案例：用于金融投资组合管理的模糊层次分析法

虽然当决策者的偏好一致时，层次分析法能够提供非常好的结果，但是它通常存在以下缺点：（1）在决策建模中只能处理清晰或确定性的信息；（2）没有处理和整理从非平衡范围判断中获得的结果；（3）忽略了与从人类判断到决策情况的映射相关的不确定性。此外，由于信息的不确定性以及人类感觉和认知的模糊性，层次分析法无法有效地为准则提供近乎精确的数值。因此，专家往往倾向于使用模糊集理论进行中间判断而不是进行确定性的判断，这会使比较过程更加稳健、灵活和现实。下面的应用案例说明了模糊多准则决策分析方法的优越性。这个案例中使用了模糊层次分析法。

这个说明性应用案例是由本书作者及同事开发的。这个案例是关于金融投资组合优化这一挑战性任务的。2008～2009 年的全球金融危机及其对资本市场的后续影响使人们越来越关注金融领域（尤其是金融市场）中认知和行为问题的重要性。这个应用案例研究的目的是根据个人投资者的感知确定投资组合优化中行业备选方案的排名偏好。相应地，研究人员开发了混合分析多准则决策分析模型，即基于模糊层次分析法（Fuzzy Analytic Hierarchy Process，FAHP）和基于与理想解相似性的偏好排序模糊方法（Fuzzy Technique for the Order of Preference by Similarity to Ideal Solution，FTOPSIS）以及灵敏度分析，来确定表现最好的行业并对其进行排序。这个模型被应用于土耳其伊斯坦布尔证券交易所 100 指数（Borsa Istanbul Stock Exchange 100 Index，BIST 100）。结果表明：（1）投资者对市场状况和全球金融形势的看法会影响他们对公司股票的行业选择；（2）投资者对证券投资的看法严重依赖于单个资产或单只股票的表现和风险水平；（3）金融行业（及其子行业）的上市股票比其他行业（如技术、服务和旅游）的上市股票的绩效预期更高。

图 4.8 所示的是这个案例研究中所采用方法的图示。这个案例研究中的方法的详细信息及其执行方式请参见文献（Dincer et al.，2016）。

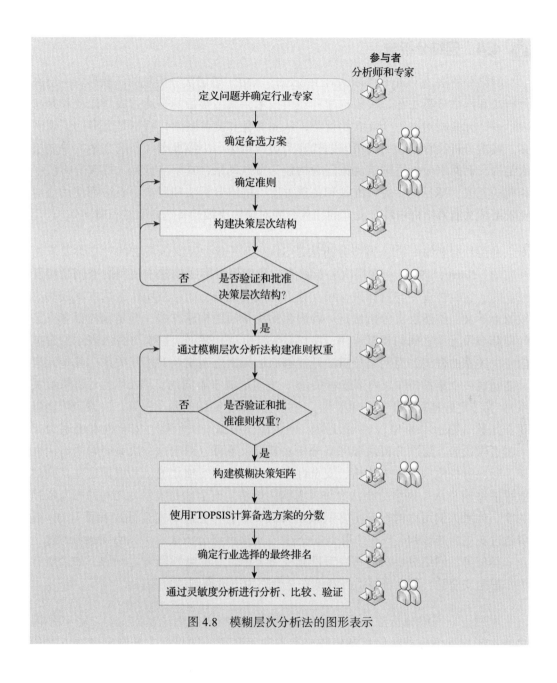

图 4.8　模糊层次分析法的图形表示

👤 4.4　网络分析法

网络分析法（Analytic Network Process，ANP）是层次分析法的一般形式。层次分析法和网络分析法都是决策构建和建模技术，其主要目的是通过成对比较和判断表示一个元素相对另一个元素的优势，从而简化和测量因素，特别是无形的主观因素。层次分析法将复杂的决策问题构建为包含目标、决策准则和备选方案的单向层次结构，而网络分析法则将决策问题构建为节点网络，其中节点是与层次分析法中相同的元素，即目标、决策准则和备选方案。网络分析法和层次分析法都使用成对比较系统来测量结构中各个元素的权重，并对最终决策的备选方案进行排名。

和层次分析法一样，网络分析法是 Saaty 为了减少层次分析法的独立性要求而开发的（Saaty，1996）。在层次分析法中，我们假设问题构建中使用的准则是相互独立的，它们被逐一与目标进行相互独立的成对比较，而且被用作备选方案成对比较的上下文。虽然层次分析法是一种出色的决策问题构建方法，但是因为很多决策问题都涉及元素之间的相互作用，所以是无法分层构建的。层次分析法表示具有单向层次关系的框架，而网络分析法则能够获取元素之间复杂的相互关系，其中元素可能同属一个集群（称为内部依赖关系），也可能属于不同的集群（称为外部依赖关系）。为了更好地理解干扰的重要性，考虑上一节中介绍的购车决策。决策者可能想要在几款价格适中的 SUV 中做决策。他可能会根据购买价格、安全性和吸引力三个因素做决策。层次分析法和网络分析法都提供了可以用于这个决策问题的有用框架。层次分析法假设购买价格、安全性和吸引力是相互独立的，并根据这些准则独立评估每辆 SUV。网络分析法允许考虑购买价格、安全性和吸引力之间的相互依赖关系。如果人们可以通过花更多的钱购买汽车来获得更高的安全性或者吸引力（或者通过花更少的钱购买汽车来降低安全性），那么网络分析法就可以明确地考虑这一点。类似地，网络分析法允许决策准则受所考虑汽车的特性影响。例如，如果所有汽车都是安全的，那么可以适当降低安全性作为决策准则的重要性。

本质上，网络分析法和层次分析法都建立在相同的理论基础上。二者的不同之处在于，网络分析法使用**超矩阵**来获取决策集群，即目标、准则和备选方案的内外部依赖关系。每个节点对网络中集群内部和集群之间的其他节点的影响可以使用超矩阵来获取和表示。图 4.9 所示的是具有三个准则和三个备选方案的决策问题的超矩阵示意图。

集群节点模型		目标	备选方案			准则		
		G	A_1	A_2	A_3	C_1	C_2	C_3
目标	G	0	对每个备选方案影响的特征向量（因为备选方案集群中的内部依赖关系）			备选方案A_i相对准则C_i的本地优先级		
备选方案	A_1	0						
	A_2	0						
	A_3	0						
准则	C_1	准则权重	0	0	0	对每个准则影响的特征向量（因为准则集群中的内部依赖性）		
	C_2		0	0	0			
	C_3		0	0	0			

图 4.9　超矩阵示意图

　　图 4.9 中的超矩阵列出了对目标、备选方案和准则这三个集群的影响。矩阵中这些集群的顺序是无关紧要的。但是，在层次分析法（其中的单向层次结构表示问题的结构）中并非如此。如果节点之间不存在依赖关系，那么输入 0 值。

　　图 4.10 所示的是层次分析法和网络分析法在结构差异方面的对比分析。从图中可以看出，层次分析法的图形描述是自上而下的单向层次结构，而网络分析法的图形描述则是一种以元素之间和元素集群之间的相互关系为特征的网络。

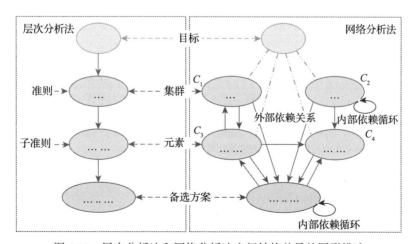

图 4.10　层次分析法和网络分析法之间结构差异的图形描述

在图 4.10 中，两个集群之间的相互依赖关系（称为外部依赖关系）使用双向箭头或弧线表示，这些弧线以图形方式表示不同准则集群之间的相互依赖关系。用环形弧表示的相互依赖关系表示网络分析法中同一元素集群内的相互依赖关系。

网络分析法的动机相当简单：大多数现实世界的多准则决策分析问题都太复杂了。除非忽略准则交互，否则并不适合使用分层结构。这就是为什么需要用类似网络的结构来表示它们。顺便提一下，层次分析法的最初开发者 Saaty 提出使用网络分析法来解决准则或备选方案之间的依赖关系问题（Saaty，1996）。为了增加问题结构的丰富性，使其能够紧密地获取现实世界中的复杂性和缺陷，近年来，基于模糊逻辑的模型表示已得到了普及和广泛使用。在网络分析法中，若决策者的判断在定义准则或备选方案之间的相互依赖关系时存在不确定性，使用模糊逻辑获取优先级。具有模糊性的判断通常用模糊集表示并通过语言方法来实现。

表 4.3 所示的是层次分析法和网络分析法之间的相似之处和不同之处的列表。

表 4.3　层次分析法和网络分析法的异同

比较项		层次分析法	网络分析法
不同之处	问题结构	单向、多层、自上而下的层次结构	互联的多集群网络
	独立性	假设元素完全独立	不假设独立性，可以处理相互依赖关系
	简单性	易于理解和实施的层次结构	构建和执行网络并不简单
	比较	要做的成对比较相对较少	需要做更多成对比较
	时间需求	设计和开发模型所需的时间较少	需要更多时间来设计、开发和执行模型
	准确度	对简单问题具有非常高的准确度	有更高的准确度，特别是对更复杂的问题
	可靠性	由于独立性假设不现实，因此可靠性较差	因为具有更丰富的问题表示，所以更可靠
相似之处	它们都致力于将复杂问题构建和简化为更小、更易于管理的子问题 它们都使用成对比较来简化和客观化偏好的确定 它们都提供了一种系统的、数学的和有依据的方法来驱动最终的备选方案优先级排序 它们都允许通过灵敏度分析来进行假设分析并构建所获得结构的置信度 它们都是由 Thomas L. Saaty 提出并最初开发的 它们都被成功地应用于一系列多准则决策分析问题 它们都有大量可用的（商业的和免费的）软件工具		

如何进行网络分析：执行网络分析的过程

图 4.11 所示的是对给定多准则决策问题进行网络分析的逐步过程。如图 4.11 所示，与层次分析类似，网络分析由五个步骤组成。

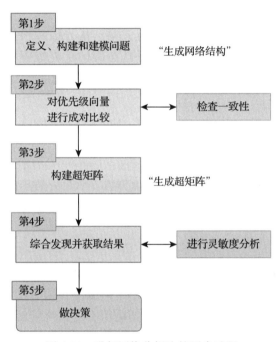

图 4.11　进行网络分析法的逐步过程

第 1 步。在这一步中构建问题模型。对问题的目标、准则和备选方案的透彻理解使得将这些元素（和元素集群）表示为用于分析特定决策问题的网络模型结构。这一步的输出是经过验证和确认的网络结构。这个网络结构清晰和详细地表示了正在解决的多准则决策问题。

第 2 步。在这一步中进行向量的成对比较和优先级排序。与层次分析法一样，在网络分析法中，根据每个集群中的决策元素对在特定准则上下文中的重要性对它们进行比较。此外，以成对的方式检查集群准则之间的相互依赖关系，每个元素对其他元素的影响使用特征向量表示。相对重要性值由 Saaty 最初提出的范围确定。成对比较的结果由彻底的灵敏度分析验证和确认。

第 3 步。在这一步中构建超矩阵。超矩阵的概念与马尔可夫链过程非常相似。为了在具有相互依赖影响的系统中获得全局优先级，需要确定局部优先级向量并将其输入矩阵的适当列中。由此产生的超矩阵实际上是一个分区矩阵，其中每个矩阵段表示所建模决策系统中的两个元素集群之间的关系。这一步的输出是归一化的超矩阵。

第 4 步。在这一步中综合准则和备选方案的优先级并根据结果确定最佳备选方案。在归一化的超矩阵中获取准则和备选方案的优先级权重，将其用于确定备选方案的优先顺序以便供最终决策使用。结果经过彻底的灵敏度分析得到验证和确认。

第 5 步。根据获得的结果、具体需求和问题情境的初始目的做出最终决策，即选择最佳方案实施。

应用案例：开发用于能源规划的混合多准则决策分析方法

引言

能源是所有人类活动不可或缺的资源。能源预测表明，对能源的需求一直在稳步增长并有望保持这种增长速度。由于其战略价值，能源已经成为决定全球范围内力量平衡最重要的因素之一。新能源和可再生能源以及相关技术的引入使战略能源规划问题变得更加复杂。在国家层面，能源规划包括持续而乏味的评估和能源战略重新评估的过程，其中包括对以旧化石燃料为基础的能源和新的可再生能源的精细组合。负责能源规划和管理的当局必须根据长期可持续性准则采用新的和改进的解决方案来调整其战略。

近年来，因为土耳其拥有种类丰富且数量可观的潜在可再生能源，所以土耳其的能源市场经历了快速增长。此外，土耳其的地缘政治和地缘战略地位为其在国际舞台上创造了相当独特的姿态。土耳其是能源领域的过境国，是全球重要的供给和需求区域之间的桥梁，此外，根据世界银行的国内生产总值统计，土耳其是全球第 17 大经济体和欧洲第 6 大经济体。为了提高在这个框架中的国际影响力，土耳其就其长期能源政策提出了多项规划、实施、投资预测和相关行动计划。其中，最重要的全球政策倡议是《2023 愿景》（Vision

2023）。这个计划聚焦土耳其能源部门和到 2023 年的可再生能源投资选择。在这些发展过程中，管理者面临的最紧迫挑战是要有客观合理的方法来为日益动态的能源规划确定最重要的战略。为了满足这一需求，研究人员提出了一种用于分析土耳其能源部门的综合性混合方法。他们建议使用多准则决策分析方法的混合集合，其中包括优势、劣势、机会和威胁（Strengths, Weaknesses, Opportunities, and Threats, SWOT）分析，网络分析法，以及 TOPSIS 方法的顺序性能技术。

方法

这项研究的目标是制定并总体、整体和客观地分析这个国家的能源战略备选方案和优先级。研究中提出的混合方法能够使用 SWOT 分析和网络分析法确定相关准则和子准则，以确定 SWOT 因素和子因素的权重。最后，采用 TOPSIS 方法对备选能源战略进行优先级排序。图 4.12 以图形化的方式描述了多阶段、多方法的混合方法。

所提出的方法被土耳其能源部门用于确定国家能源战略计划。首先，研究人员通过回顾文献来全面理解战略能源政策的决定因素。然后，他们确定了来自土耳其能源部门（包括政府和商界）的丰富多样的专家委员会。通过这种方式，他们想要确保包括了所有可能影响最佳能源规划结果的因素和子因素。他们使用了 SWOT 分析。SWOT 分析是一种强大的战略规划工具，它提供了确定和组织对实现既定目标很重要的关键问题的相关信息的方法。SWOT 分析帮助他们确定规划情况的优势和劣势，即内部因素，并帮助他们发现机会和威胁，即外部因素。有关构成混合方法的 14 个步骤的细节，请参见文献（Ervural et al., 2018）。

结果

在最终的论文（Ervural et al., 2018）中，作者讨论了他们的研究细节以及从将所提出的集成多准则决策分析方法应用于确定和部署土耳其长期能源规划而获得的结果。结果的最终排名如图 4.13 所示。根据所获取的结果，在区域合作进程框架内有效利用地缘战略地位，将国家建设成为能源枢纽和能源终端成为重中之重。在能源供应战略中使用核能技术被认为是最不受欢迎的优先事项。

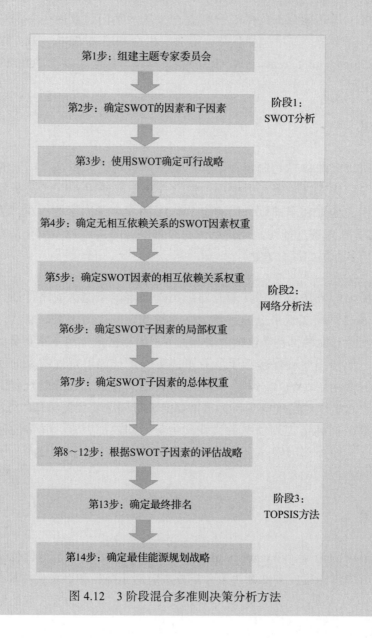

图 4.12　3 阶段混合多准则决策分析方法

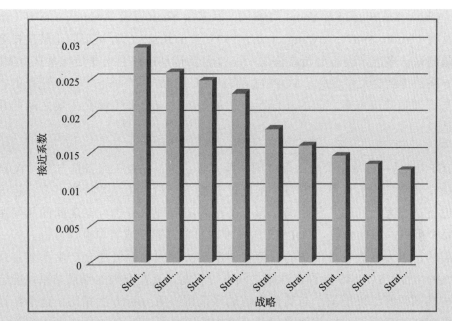

图 4.13 根据所提出的方法对战略进行排序

这个应用案例表明，多准则决策分析方法可以通过混合和串联的方式共同使用，以解决复杂的决策问题。这项研究的研究人员称，任何一种人们所使用的研究工具，包括 SWOT 分析、网络分析法或者 TOPSIS 方法都无法得到从这些工具的共同和系统性使用中获得的准确性、稳健性和客观性水平。

4.5 其他多准则决策方法

其他流行的多准则决策方法包括 TOPSIS、ELECTRE、PROMETHEE 和 MACBETH。

4.5.1 TOPSIS

TOPSIS 是一种多准则决策分析方法，最初是由 Ching-Lai Hwang 和 Yoon 开发的（Ching-Lai Hwang & Yoon，1981），后来由 Yoon 以及 Hwang、Lai 和 Liu 进一步发展（Yoon, 1987；Hwang et al.，1993）。TOPSIS 已经被证明是解决**排名反转问题**的最佳多准则决策分析方法之一。排名反转是指在引入非最佳备选方案时，备选方案的排名会发生变化。TOPSIS 的哲学基于这样一个概念，即所选择的备选方案与正理想解决方案之间的几何距离是最短的，与负理想解决方案之间的几何距离是最长的。

TOPSIS 是一种基于聚合的多准则决策方法。为了比较一组备选方案，TOPSIS 需要确定每个准则的权重，对每个准则的分数进行归一化，并计算每个备选方案与理想备选方案之间的几何距离。每个备选方案与理想备选方案之间的几何距离是指每个准则的最佳分数。TOPSIS 假设准则是单调递增或者单调递减的。归一化是必需的，因为参数或者准则的取值在多准则决策问题中可能会产生不兼容或者不可比的维度。TOPSIS 允许在准则之间进行权衡，某些准则的糟糕结果可能会被另一些准则的好结果抵消。与其他类似的多准则决策分析方法相比，这个特性提供了更现实的建模形式。其他类似的多准则决策分析方法会包括或者排除基于硬截断的备选方案。

4.5.2 ELECTRE

ELECTRE 是 20 世纪 60 年代中期起源于欧洲的基于排名超越的多准则决策分析方法系列的一部分。首字母缩略词 ELECTRE 表示 ELimination Et Choix Traduisant la REalité（ELimination and Choice Expressing REality）。Bernard Roy 是公认的 ELECTRE 方法之父。ELECTRE 方法有时被认为是法国决策学派最早的方法之一。它通常被归类为决策的"排名超越方法"。ELECTRE 方法最早是由 SEMA 咨询公司的 Bernard Roy 和他的同事提出的。SEMA 的一个团队正在研究企业如何决定新的活动这一具体的、多准则的现实世界问题，团队成员在使用加权求和技术时遇到了问题。Bernard Roy 被请来担任顾问。于是，这个团队设计了 ELECTRE 方法。在 1965 年首次应用时，ELECTRE 方法致力于从一组给定行动中找出最佳行动。但是，ELECTRE 方法很快就被应用于三个主要决策问题：选择、排名和排序。在 Bernard Roy 将 ELECTRE 方法发表在法国运筹学杂志上后，这种方法变得更加广为人知（Roy, 1968）。在该领域很多研究人员的努力下，

ELECTRE 方法在推出后不久就演变为 ELECTRE I，并继续演变为 ELECTRE II、ELECTRE III、ELECTRE IV、ELECTRE IS 和 ELECTRE TRI。ELECTRE 及其衍生方法已被应用于商业、制造、能源、营销和医疗保健等领域中的复杂问题。

ELECTRE 方法有两个主要部分。首先是构建一个或多个排名超越关系，目的是全面比较成对的行动。其次是一个利用过程，其中详细说明了在第一个阶段获得的建议。推荐的性质取决于所解决的决策问题的类型（选择、排名或排序）。与 PROMETHEE 等其他基于排序的多准则决策方法类似，ELECTRE 中没有明确考虑属性值的数值差异。换句话说，一个属性值比另一个属性值好多少并不重要，重要的是属性的排名。

通常，ELECTRE 方法是与其他多准则决策分析方法一起使用的。例如，我们通常使用 ELECTRE 方法从问题的备选方案池中确定和丢弃不可接受的备选方案，然后使用另一种多准则决策分析方法从剩余的备选方案中选择最佳备选方案。在应用另一种多准则决策分析方法之前使用 ELECTRE 方法的优势在于，ELECTRE 被证明可以有效地确定和消除可能性较小的备选方案，从而产生更小的备选方案池集，供另一种多准则决策分析方法在寻找最佳备选方案时使用。

4.5.3　PROMETHEE

PROMETHEE（Preference Ranking Organization METHod for Enrichment of Evaluation）是 20 世纪 80 年代初发展起来的一种流行的多准则决策分析方法。这个方法在提出之后得到了广泛的研究和完善。PROMETHEE 方法的基本要素由 Jean-Pierre Brans 教授于 1982 年引入（Brans，1982），并由 Jean-Pierre Brans 教授和 Bertrand Mareschal 教授进一步发展和实现。PROMETHEE 在决策方面有着特殊的应用，并在世界各地的商业、交通、医疗保健和教育等领域和政府机构的各种决策场景中被使用。

PROMETHEE 方法不是指出一个"正确"的决策，而是帮助决策者找到最适合他们的目标以及他们对问题理解的备选方案。它们为构建决策问题以及确定和量化其中的冲突、协同和行动集群提供了一个全面、合理的框架，并突出了主要备选方案及其背后的结构化推理。

虽然 PROMETHEE 可以被处理简单决策问题的个人使用，但是当一群人在处理复杂问题时，尤其是那些具有涉及众多人类感知和判断的多准则问题且决策具有长期影响时，PROMETHEE 是最有用的。当决策的重要因素难以量化或比较，或者部门或团队成员之间的合作受各自不同的专业或视角所限时，PROMETHEE 具有独特的优势。

可以应用 PROMETHEE 方法的决策情况包括：（1）**选择**——从一组给定的备选方案中选择一个备选方案，其中通常涉及多个决策准则；（2）**优先化**——确定一组备选方案中每个备选方案的相对优点，而不是选择一个备选方案或者仅仅对它们排序；（3）**资源分配**——在一组备选方案中分配资源；（4）**排序**——将一组备选方案按照从最受欢迎到最不受欢迎排序；（5）**冲突解决**——解决目标明显不相容的各方之间的争端。PROMETHEE 在复杂的多准则决策场景中的应用已经数以千计，在涉及规划、资源分配、优先级设置和备选方案选择等的问题上产生了大量的结果。PROMETHEE 的其他应用领域包括预测、人才选择和投标分析。

4.5.4 MACBETH

MACBETH（Measuring Attractiveness through a Categorical-Based Evaluation Technique）是一种多准则决策分析方法，是由里斯本大学的 Carlos António Bana e Costa 与蒙斯大学的 Jean-Claude Vansnick 教授和 Jean-Marie De Corte 博士合作开发的（Bana e Costa et al., 2012）。MACBETH 和层次分析法有很多相似之处。这两种方法都是基于对用户输入的成对比较的，但是 MACBETH 使用的是区间尺度，而层次分析法使用的是比例尺度。

与其他多准则决策分析方法类似，MACBETH 的目标是在为给定决策问题定义的目标范围内根据多个准则评估备选方案。MACBETH 和其他多准则决策分析方法的关键区别在于，MACBETH 每次只需要对两个元素的吸引力差异进行定性判断，就可以为每个准则下的备选方案生成数值分数并对准则进行加权。MACBETH 使用 7 种语义类别，即否、非常弱、弱、中等、强、非常强和极端强，来表示吸引力以区分备选方案。

MACBETH 将决策问题构建为树状层次结构，同时区分树上的准则节点和非准则节点。树中包含非准则节点的目的是帮助评估准则节点，但是这不会影响决策。非准则节点只是问题结构的补充，因此不会被评估。总节点（树的顶部）和叶子节点（树的底部）之间只能设置一个准则节点。例如，在图 4.14 中，只有质量被设置为树的顶部（餐饮选择）和叶子节点（食物）之间的准则（Ishizaka & Nemery，2013）。不能将另一个节点（消费品、服务、饮料或食品）设置为质量节点下的准则。与层次分析法相比，这是相当不寻常的。确实，如果总节点与叶子节点之间只有一个准则，那么价值树并不等同于层次分析法的准则树。这个结构可以减少为一层，没有子准则。

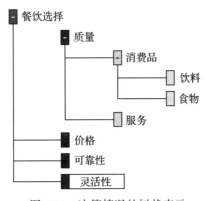

图 4.14　决策情况的树状表示

4.6　不精确推理的模糊逻辑

大多数前面列出和解释的多准则决策方法都使用精确推理。换句话说，信息和后续推理是使用单值确定性指标来获取和计算的。在决策科学领域，这被广泛认为是一种过度简化。在对不确定的复杂现实世界决策情况进行建模时，这是一个影响深远的假设。为了纠正这种情况，决策科学家开发了非常多前几节中介绍过的多准则决策分析方法的模糊衍生品。在 Web 上快速搜索会发现大量关于模糊多准则决策方法的技术细节和比较分析的论文。本节将简要介绍模糊逻辑及其在决策建模中的应用。

模糊逻辑处理的是近似推理而非精确的推理，这与当前决策者在现实世界中不断接触的不确定性和部分信息非常相似。与**二元逻辑**（又称清晰逻辑）相反，用模糊逻辑表示的变量可以有除了 0 或 1（或者真或假、是或否、黑或白等）之外的隶属度值。"模糊逻辑"一词来源于 Lotfi Zadeh 的模糊集理论。这种技术利用**模糊集**的数学理论，通过让计算机处理不太精确的信息来模拟人类的推理过程。这与传统计算机逻辑的基础是完全相反的。这种方法背后的想法是决策问题并不总是"黑或白"或者"对或错"这样的问题，而是通常涉及灰色调和不同程度的真实性。事实上，创造性的决策过程通常是非结构化的、有趣的、有争议的和杂乱无章的。

模糊逻辑之所以有用，是因为它是一种描述人类在非 100% 正确或者错误的情况下，对很多决策问题的感知的有效方法。很多控制和决策问题不容易符合数学模型所要求的严格的真假情况。在必须采用二元逻辑表示时，它们往往会面临表示不完整和推理不准确的情况。有关模糊逻辑及其应用的详细描述可以在 *Stanford Encyclopedia of Philosophy*（http://plato.stanford.edu/entries/logic-fuzzy/）上找到。

说明性示例：高个子模糊集

我们来看一个描述高个子模糊集的示例。如果我们通过问卷调查来定义一个人必须达到什么样的身高才算是高个子，那么答案可能是在 $5'$ ~ $7'$[⊖] 之间，答案的分布可能如下：

身高	投票比例
5'10"	0.05
5'11"	0.10
6'	0.60
6'1"	0.15
6'2"	0.10

假设杰克的身高是 $6'$。根据概率论，我们可以使用累积概率分布并假设杰克有 75% 的概率是高个子。在模糊逻辑中，我们说杰克在高个子集合中的隶属度是

⊖ 1′约为 30cm，1″为 2.54cm——编辑注

0.75。二者的区别在于，从概率的角度来看，杰克被认为是高个子或者不是高个子。而且，我们不能完全确定他是不是高个子。相反，在模糊逻辑中，我们认为杰克或多或少是高个子。我们可以指定一个隶属函数来表示杰克与高个子集合（模糊逻辑集）的关系：

{ 杰克，0.75= 高个子 }

与包含两个值（如相信的程度和不相信的程度，详情参见第 5 章）的确定性因素相反，模糊集使用一系列称为置信函数的可能值。我们通过隶属函数表示对某一特定项目属于某个集合的信念，如图 4.15 所示。

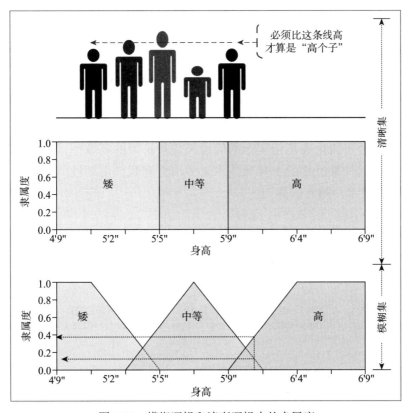

图 4.15 模糊逻辑和清晰逻辑中的隶属度

当身高是 69″时，这个人被认为是高个子。而当身高是 74″时，他肯定是高个子。当身高在 69″～ 74″ 之间时，他的隶属函数值在 0 ～ 1 之间变化。同样，一个人在矮个子和中等个子的集合中也有隶属函数值，这个数值取决于身高。由于中等个子的范围包括部分矮个子的范围和部分高个子的范围，因此一个人可以相信自己可能同时属于多个模糊集。这是模糊集的关键优势，虽然它们缺乏清晰性，但是在逻辑上却是一致的。虽然模糊逻辑的开发很复杂，需要相当强的计算能力且难以向用户解释，但是它在管理决策支持方面的应用在近年来的发展势头却越来越好。然而，由于计算能力和软件的不断增长，这种情况自 20 世纪 90 年代以来已经发生了改变。

4.7 结论

大多数现实世界的决策都涉及多个目标和多个因素。使情况进一步复杂化的是这些目标和约束会相互冲突。这种情况不仅适用于管理决策，也适用于买房、选择工作、决定攻读哪个 MBA 项目等个人决策。在做决策的时候考虑所有目标和准则对我们的大脑来说并非易事，甚至是不可行的。因此，无论智力水平如何，我们都会做出过于简化或不切实际的假设来应对决策的复杂性，以保持理智。我们可以选择使用计算机化的工具和技术来做出更客观、更理性的决策。本章介绍了这些工具和技术中的大部分。

参考文献

Bana e Costa, C. A., De Corte. J-M, Vansnick, J-C. (2012). "MACBETH." *International Journal of Information Technology & Decision Making*, 11(02):359–387.

Brans, J. P. (1982). L'Ingénierie de la Décision: Élaboration d'Instruments d'Aide à la décision. La méthode PROMETHEE. Presses de l'Université Laval.

Costa, B. A. C. (1996). "The Problems of Helping the Decision: Towards the Enrichment of the Trilogy Choice-Sorting-Selecting," *Operations Research*, 30(2), 191–216.

Dincer, H., Hacioglu, U., Tatoglu, E., and Delen, D. (2016). "A Fuzzy-Hybrid Analytic Model to Assess Investors' Perceptions for Industry Selection." *Decision Support Systems*, 86, 24–34.

Ervural, B. C., Zaim, S., Demirel, O. F., Aydin, Z., and Delen, D. (2018a). "An ANP and Fuzzy TOPSIS-Based SWOT Analysis for Turkey's Energy Planning." *Renewable and Sustainable Energy Reviews*, 82, 1538–1550.

Hwang, C. L., Lai, Y. J., and Liu, T. Y. (1993). "A New Approach for Multiple Objective Decision Making." *Computers and Operational Research*, 20: 889–899.

Hwang, C. L., and Yoon, K. (1981). *Multiple Attribute Decision Making: Methods and Applications*. New York: Springer-Verlag.

Ishizaka, A., and Nemery, P. (2013). "Multi-Criteria Decision Analysis: Methods and Software." Available at www.it-ebooks.info (accessed December 2018).

Keeney, R. (1992). *Value-Focused Thinking: A Path to Creative Decision Making*. Cambridge, MA: Harvard University Press.

Kuhn, Harold W., and Albert W. Tucker. (1951). "Nonlinear Programming," in (J. Neyman, ed.) Proceedings of the Second Berkeley Symposium on Mathematical Statistics and Probability, 481–492.

Pirdashti, M., Tavana, M., Hassim, M. H., Behzadian, M., and Karimi, I. A. (2011). "A Taxonomy and Review of the Multiple Criteria Decision-Making Literature in Chemical Engineering." *International Journal of Multicriteria Decision Making*, 1(4), 407–467.

Roy, B. (1968). "Classement et Choix en Présence de Points de Vue Multiples (la Méthode ELECTRE)." *La Revue d'Informatique et de Recherche Opérationelle (RIRO)* (8): 57–75.

Roy, B. (1981). "The Optimization Problem Formulation: Criticism and Overstepping." *Journal of the Operational Research Society*, 32(6), 427–436.

Saaty, T. L. (1996). *Decision Making with Dependence and Feedback: The Analytic Network Process*. Pittsburgh, Pennsylvania: RWS Publications.

Saaty, T. L. (1983). "Priority Setting in Complex Problems." *IEEE Transactions on Engineering Management*, (3), 140–155.

Yoon, K. (1987). "A Reconciliation Among Discrete Compromise Situations." *Journal of Operational Research Society*, 38: 277–286.

5

第 5 章

决 策 系 统

在过去几十年中出现了很多人工智能应用，它们展示了计算机以某种类似于人类的方式做决策和解决复杂问题的能力。虽然**人工智能**（Artificial Intelligence，AI）有很多不同的定义，但是大多数专家都认为它与两个基本概念相关。首先，人工智能涉及研究人类的思维过程以理解什么是智能。其次，人工智能涉及在计算机和机器人中再现并复制这些思维过程。人工智能的一个广为人知的经典定义是"如果机器的行为是由人来完成的，那么就称其为智能的"。图 5.1 所示的是最流行的人工智能应用和人工智能基础学科的象征性说明。

5.1 用于决策的人工智能和专家系统

随着新一代人工智能系统的出现和迅速普及，一些早期的基于人工智能的决策系统越来越受欢迎。这些系统拥有新的情境化功能以及新的使用潜力和价值主张。在本章中，我们将举例说明其中的两个系统：基于规则的推理系统和基于条件的推理系统。这些系统早在 20 世纪 80 年代就出现了，它们通过帮助建立智能计算机系统来解决需要专业知识的问题。基于规则的推理系统在我们每天使用的工具和设备中发挥着关键作用，如汽车的自动变速器、摄像机的自动对焦装置，以及洗衣机和烤面包机等。这些人工智能系统正在为自身寻找新的角色和用例。

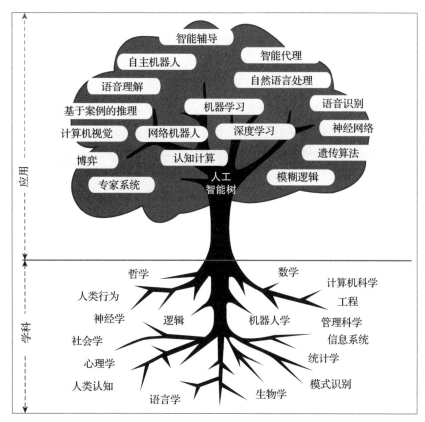

图 5.1　人工智能应用（输出）与基础学科（输入）

　　德勤进行的一项调查表明，在使用人工智能的美国公司中有 49% 仍在使用基于规则的推理和专家系统（Deloitte，2017）。基于规则的推理和专家系统是机器人流程自动化、自然语言生成器和营销推荐引擎等其他人工智能系统的基础。基于规则的系统通常需要人类专家和知识工程师在特定的知识密集型应用领域构建产生式规则。这类系统通常被应用于保险行业和银行的信用评估、批准和承保（Davenport，2018）。它们适用于狭义的系统且易于理解和解释。然而，当应用领域范围很广时，规则的数量可能会变得非常大，从而导致执行和推理缓慢，而且经常存在冲突的规则。所有这些都可能使人工智能系统变得不切实际。也就是说，随着计算技术的进步，这些缺点正在被逐一解决和消除。以下是专家系统为葡萄酒消费者提供专家建议的经典示例。

应用案例：基于 Web 的葡萄酒选择推理系统

MenuVino 股份有限公司是一家基于 Web 的葡萄酒零售商。它开发了多个在线知识自动化专家系统来为葡萄酒选择提供专家建议。这个系统会分析网站访问者的个人口味偏好，以确定他们的个人口味档案，从而向他们推荐更有可能喜欢的葡萄酒。这个系统还会将葡萄酒与特定食物相匹配，包括配料、烹调和酱汁等与食物相关的详细信息。系统中嵌入的专家知识使得系统可以同时使用烹饪规范和配料组合来确定特定葡萄酒与特定食物的详细匹配。这个建议专家系统是商业网站的一部分，旨在为用户匹配理想的葡萄酒。

问题

为特定情况选择合适的葡萄酒是一项要求专业知识的任务。我们经常会在不知道葡萄酒的口味，不知道葡萄酒是否适合我们，或者不知道葡萄酒是否与准备好的食物或场合相协调的情况下购买葡萄酒。非专业人士通常会以价格作为判断标准，认为价格越高越好！或者遵循红葡萄酒配肉、白葡萄酒配鱼的高层分类方法。除了这个简单的分类模式之外，大多数人对他们购买的是什么一无所知。每个人都认同最好能品尝一下自己真正喜欢和欣赏的葡萄酒。除非你品尝过所有葡萄酒，否则很难形成某种概念。如果是在网上购买葡萄酒，那么这更是不可能的。口味因人而异，即使你确实有机会尝试所有的口味，也可能很难发现自己的口味。口味往往会随着场合、食物和心情等其他因素而变化。

解决方案

解决方案是为用户提供基于 Web 的专家系统。在这个系统中，葡萄酒专家的知识和经验被嵌入交互式信息系统中。MenuVino 做到了这一点。它建立了一个基于 Web 的专家系统。这个系统不仅可以为用户提供有关葡萄酒选择的建议，而且可以促进葡萄酒的发现和大众化。正如 MenuVino 所宣传的："这里就是你的家。在我们这桌坐吧。你可能会感到惊讶，甚至感到吃惊。不要犹豫是否要参加。我们感谢你的互动，我们将考虑你的所有要求……MenuVino——葡萄酒从未如此简单。"

MenuVino 的专家顾问有两个主要功能。第一个是**口味画像**（Taste Profile）子系统，它模拟人与葡萄酒专家或侍酒师的对话。专家系统中口味分析器的目标是确定用户的个人偏好。利用 Corvid 专家系统外壳的交互特性，它会提出专业性的问题，以揭示大多数用户感兴趣的特征。只要建立了画像，系统就会推荐不同价位的合适的葡萄酒。用户在使用 MenuVino 系统选择葡萄酒时，还可以限定葡萄酒的价格并给予反馈。专家系统的第二个功能旨在**将葡萄酒与食物配对**，针对不同食物推荐最匹配的葡萄酒。除非是专业厨师或葡萄酒专家，否则很难找到一种能够与食物搭配的葡萄酒。配对子系统包含了美国、加拿大、法国和澳大利亚的很多不同类型的食物以及它们的配料和烹饪方法。大多数西餐都有上百种配料、调味品和烹饪方法。想知道与用勃艮第芥末和米酒醋腌制的炖袋鼠肉最匹配的葡萄酒是什么吗？那必须是巴伯伦（Barberon）的"安德烈，米莱尔和斯特瓦提索酒庄"2004 年出产的红酒。

也许你更喜欢酸橙烤鲷鱼配香菜、盐和灰胡椒，这与普罗旺斯玫瑰产区 2005 年出产的玫瑰红葡萄酒是最佳搭配。这种层次的细节和粒度可以为几乎任何类型的膳食推荐理想的葡萄酒。

结果

利用很多葡萄酒专家的知识，MenuVino 开发了一个专家系统。这个系统可以模仿从专家那里得到的建议。事实上，因为它包含了很多专家的知识，所以可以提供比单个人类专家所能提供的更好的建议。MenuVino 的基于 Web 的专家系统是使用 ExSys 知识自动化系统开发的，这个系统可以在复杂领域获取"深层"的专家知识，并使用 Corvid 的 MetaBlock 方法进行概率产品选择。系统的用户界面与 Corvid Servlet Runtime 一起运行，它构建图形化且吸引人的 HTML 屏幕来提问并与用户交互。这个系统同时使用法语和英语。尽管听起来不错，但不要盲从。在 http://www.menuvino.tv/ 上亲自尝试一下吧，免费注册成为新用户，运行系统并试着获得专业的葡萄酒选择建议。

在专家系统（人工智能技术家族中的一个流行成员）的帮助下，我们可以提取不同类型的专业知识和经验并将其表示在计算机中，供非专家人员使用或进行自动化决策。当很难找到专家和可确认的专业知识时，这种自动化的人工智能系统就很有用。

这里介绍的葡萄酒选择案例是专家系统的典型应用。获取葡萄酒专家的知识和经验并将其嵌入基于 Web 的信息决策支持系统中，以便非葡萄酒专家的人也可以轻松使用。在自动化和交互式环境中让很多用户可以访问这类专业知识有可能提高很多业务应用的效用和盈利能力。

资料来源：2019 年 ExSys 客户成功案例和案例研究（ExSys，2019）。

刚刚总结的应用案例表明，在一些需要专业知识的决策情境下，仅靠数据和数据驱动的分析模型可以提供的支持可能是不够的。在葡萄酒选择方面，所需的支持是由基于规则的专家系统提供的。这个专家系统代替了人类专家并以自动化和交互式信息系统的形式提供必要的知识。除了基于规则的专家系统之外，还有其他几种智能技术可以支持最需要专家知识的决策。这些技术大多使用定性知识或符号知识，而不是数字或数学模型来提供所需的支持。因此，它们被称为**基于知识的系统**（Knowledge-Based System，KBS）。涵盖这些技术和底层应用的主要研究领域是人工智能。

除了在需要智力的任务和游戏中与人类竞争的功能系统（见 1.7 节），很多学者都曾试图开发、测试和测量定义和表征机器智能的系统。例如，英国著名的计算机科学家艾伦·图灵（Alan Turing）在 1950 年设计了一个有趣的测试，用于确定计算机是否表现出了智能行为。这个测试后来以他的名字命名为图灵测试。根据这项测试，只有当面试官在完全不知情的交互环境中同时与人和计算机交谈但无法区分二者时，才可以认为计算机是智能的。图 5.2 所示的是图灵测试设置的示意图。在这种设置中，面试官坐在墙后面，以书面形式向人和计算机提问，并接收和评估所收到的答案。如果面试官不能区分答案的提供者，那么计算机就被认为是智能的。

这些示例引出了这样一个问题："由机器或计算机呈现的人工智能与由人类呈现的自然智能之间的主要区别是什么？"以下是有助于进行这种区分的提示：

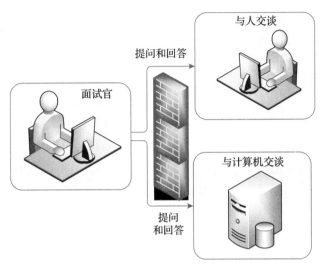

图 5.2　图灵测试的图示

- **人工智能更持久**。从商业角度来看，自然智能是易逝的，因为人可以改变他们的工作地点或者忘记信息。但是，只要计算机系统和程序保持不变，那么人工智能就是永久性的。
- **人工智能易于复制和传播**。将一套知识从一个人传给另一个人通常需要一个漫长的学徒过程，即便如此，专业知识也很难被完全复制。但是，当知识嵌入计算机系统中时，它就可以很容易地从那台计算机传输到互联网上的任何其他计算机或者组织的内部网络上。
- **人工智能可能比自然智能更便宜**。在很多情况下，购买计算机服务的成本低于让相应的人力资源执行相同任务的成本，当知识通过 Web 传播时尤其如此。
- **作为一种计算机技术，人工智能具有一致性和彻底性**。自然智能是不稳定的，因为人是不稳定的，人和人的表现并不总是一致的。
- **人工智能可以被记录**。通过跟踪系统的活动，可以很容易地记录计算机做出的决策。自然智能很难记录。例如，一个人可能得出一个结论，但是在未来的某个日期可能无法重新创建产生该结论的推理过程，甚至无法回忆作为决策的一部分的假设。
- **人工智能执行某些任务的速度比人类快得多**。只要将智能嵌入机器中，这种智能行为的执行速度就会明显比人快得多。

❑ **人工智能可以比很多人（甚至大多数人）更好地执行某些任务。**当知识和情报被从多个专家和其他知识源收集到时，人工智能系统已经被证明要比人类专家表现得更好。

相比人工智能，自然智能确实有一些优势，例如：

❑ 自然智能有创造力，而人工智能则缺乏灵感。虽然获取知识的能力是人类与生俱来的，但是对于人工智能，知识必须被构建到精心构造的、受大量假设限制的系统中。

❑ 自然智能使人们能够以协同方式直接使用感官体验并受益，而大多数人工智能系统必须以预先定义的表现形式顺序处理数字或符号输入。

✿ 5.2 专家系统概述

专家系统（Expert System，ES）或推理系统是基于计算机的信息系统。它可以将专家知识内化，以便在狭义的问题域中获得高水平的决策性能。斯坦福大学在 20 世纪 80 年代早期开发的用于医疗诊断的 MYCIN 可能是专家系统应用中最著名的早期成功案例。除了医疗诊断之外，专家系统已经被用于税收、信用分析、设备维护、服务台自动化、环境监控和故障诊断。作为一种用于提高生产力和质量的基于计算机的复杂决策工具，专家系统在大中型组织中很受欢迎。

专家系统的基本概念包括如何确定谁是专家，什么是专业知识，如何从专家身上提取专业知识并传输到计算机中，以及专家系统应该如何模仿人类专家的推理过程。我们将在下面的小节中描述这些概念。

5.2.1 专家

专家是指拥有特殊知识、判断力、经验和技能的人。专家能够将其知识付诸实践，提供合理的建议并解决狭窄领域中的复杂问题。专家的工作是针对基于知识的系统要完成的任务提供有关如何完成的知识。专家知道哪些事实重要，并能够理解和解释这些事实之间的依赖关系。例如，在诊断汽车电气系统的问题时，专业机械师知道风扇传动带断裂可能是电池放电的原因。

虽然专家没有标准的定义，但是决策能力和知识水平是我们判断他是不是专家的典型标准。通常，专家必须能解决问题并能力明显高于平均水平。此外，专家是相对的，不是绝对的。某一时期或某一地区的专家可能在另一时期或另一地区就不是专家了。例如，纽约的律师在北京可能就不是法律专家了。虽然与普通大众相比，医科学生可能是专家，但是他们可能不会被认为是脑外科专家。专家拥有可以帮助解决问题并解释特定问题领域内某些模糊现象的专业知识。通常，人类专家能够做到以下几点：

- ❑ 识别并阐述问题。
- ❑ 快速、正确地解决问题。
- ❑ 解释解决方案。
- ❑ 从经验中学习。
- ❑ 重构知识。
- ❑ 必要时打破规则。
- ❑ 确定相关性和关联。
- ❑ 谦虚向学，能够意识到自己的不足。

5.2.2　专业知识

专业知识是专家所拥有的、针对特定任务的广泛知识。专业知识的水平决定了决策的效果。专业知识通常是通过培训、阅读和实践经验获得的。它包括显性知识——如从教科书或课堂中学到的理论，以及从经验中获得的隐性知识。以下是可能的知识类型：

- ❑ 有关问题域的理论。
- ❑ 关于一般问题域的规则和程序。
- ❑ 关于在给定问题情况下该做什么的启发。

- ❑ 解决这些类型问题的全局策略。
- ❑ 元知识或关于知识的知识。
- ❑ 有关问题域的事实。

在解决复杂问题时，这些类型的知识使专家能够比非专家做出更好、更快的决策。专业知识通常具有以下特征：

- ❑ 虽然专业知识通常与高智商有关，但是并不总是与最聪明的人有关。
- ❑ 专业知识通常与大量知识相关。
- ❑ 专业知识建立在从过去的成功和错误中学习的基础上。
- ❑ 专业知识基于良好存储和组织的知识，可以由能够对以前的经验模式有极好回忆模式的专家快速提取。

5.2.3 专家系统的共同特征

专家系统必须具备以下特征：

- ❑ **专业知识**。如上一节所述，专家的专业水平各不相同。专家系统必须拥有使其能够做出专家级决策的专业知识。系统必须表现出足够稳健的专家水平。
- ❑ **符号推理**。人工智能的基本原理是使用符号推理而不是数学计算。专家系统也是如此。换句话说，知识必须是符号化的，主要的推理机制必须是符号化的。典型的符号推理机制包括反向链接和正向链接，这两种机制将在本章后面介绍。
- ❑ **深度知识**。深度知识是指知识库中的专业知识。知识库必须包含非专家不易发现的复杂知识。
- ❑ **自我认识**。专家系统必须能够检查自身的推理或自我认识，并就得出特定结论的原因提供适当的解释。大多数专家都有很强的学习能力，可以不断更新他们的知识。专家系统还需要能够从它们的成功和失败经验以及其他知识源中学习。

专家系统的发展分为两代。大多数第一代专家系统都使用 IF-THEN 规则来表示和存储知识。第二代专家系统在采用多种知识表示和推理方法方面更加灵活。

它们可以将模糊逻辑、神经网络或遗传算法与基于规则的推理相结合，以获得更高水平的决策性能。表 5.1 中给出了传统系统与专家系统的比较。

表 5.1 传统系统与专家系统的比较

传统系统	专家系统
信息及其处理通常被合并在一个顺序程序中	知识库与处理（推理）机制明显分离。知识规则与控制分离
程序不会出错，而程序员或用户会	程序可能会出错
传统系统通常不解释为什么需要输入数据或如何得出结论	解释是大多数专家系统的一部分
传统系统需要所有的输入数据。除非计划好了，否则它们可能无法在缺少数据的情况下正常工作	专家系统不需要所有的初始事实，通常可以在缺少事实的情况下得出合理的结论
除了在决策支持系统（DSS）之外，更改程序是很烦琐的	改变规则很容易
系统仅在完成时运行	作为第一个原型，系统只需要几条规则就可以运行
执行是在逐步的算法基础上完成的	执行是通过使用启发式信息和逻辑来完成的
可以有效地操作大型数据库	可以有效地操作大型知识库
传统系统表示和使用数据	专家系统表示和使用知识
效率通常是主要目标	有效性是主要目标
有效性只对决策支持系统重要	
传统系统可以很容易地处理定量数据	专家系统可以很容易地处理定性数据
传统系统使用数值数据表示	专家系统使用符号和数值知识表示
传统系统获取、放大和分发对数值数据或信息的访问	专家系统获取、放大和分发对判断和知识的访问

应用案例：专家系统帮助识别体育人才

在体育界，招聘人员一直在寻找新的人才，而父母们则在寻找最适合自己孩子的运动。确定拥有大量独特品质和局限的人与特定运动之间最合理的匹配绝非易事。这种匹配过程需要充足的关于特定人的信息（某些特征的值），以及对这些信息应该包括什么（特征的类型）的深入了解。换句话说，需要特定的专业知识才能准确地预测对一个人来说取得成功的可能性更高的运动。

很难为这个困难的配对问题找到真正的专家。由于具体知识领域被划分成各类运动，因此专家只对某类特定运动的相关因素有深入的了解。对于超出这类运动范围的内容，他们的了解并不比一般人好多少。理想的情况下，我们需要把各种运动领域的专家聚集在一个房间，共同制定比赛策略。因为这样的设置在现实世界中是不可行的，所以可以考虑使用专家系统在计算机世界中创建它。众所周知，专家系统会整合多个专家的知识，因此这种情况似乎很适合专家类的解决方案。Papic 等人在论文中报告了一个用于体育人才识别的专家系统应用（Papic et al., 2009）。利用大量体育专家的知识，他们建立了一个包含一整套规则的知识库，其中的规则可以将不同类型运动的运动员身体和心血管测量结果、表现测试结果、技能评估结果等专家驱动因素映射到不同类型的运动。利用模糊逻辑的不精确表达能力，他们设法将专家知识的精确自然推理纳入咨询系统中。

整个系统是使用 ASP.NET 开发平台构建的基于 Web 的决策支持系统。只要系统开发完成，就可以进行测试以实现验证和确认的目的。这个系统的预测结果由一些专家使用过去收集的真实案例进行评价。将专家系统提出的运动与运动员运动生涯的实际结果进行比较。此外，还使用大量测试用例对专家系统的输出和人类专家的建议进行比较。所有测试都表明，所开发的系统具有很高的可靠性和准确度。

资料来源：文献（Papic et al., 2009；Rogulj et al., 2006）。

🏋 5.3 专家系统的应用

专家系统已经被应用于很多业务和技术领域以支持决策。下面是一些有趣的示例。通过在互联网上进行简单搜索，还可以找到更多示例。

5.3.1 专家系统的经典应用

早期的专家系统主要应用在科学领域，如用于分子结构识别的 DENDRAL 和用于医学诊断的 MYCIN。20 世纪 90 年代小型计算机的主要生产商 Digital Equipment

公司生产的 VAX 计算机系统的 XCON 配置是商业上的成功范例。Digital Equipment 公司后来被 Compaq 公司接管了。

DENDRAL 项目由 Edward Feigenbaum 在 1965 年发起。它使用一组基于知识或规则的推理命令，从已知的化学分析和质谱数据中推断出有机化学化合物可能的分子结构。DENDRAL 被证明在展示如何将基于规则的推理发展为强大的知识工程工具方面是非常重要的。同时，它促使斯坦福人工智能实验室（Stanford Artificial Intelligence Laboratory，SAIL）开发了其他基于规则的推理程序。在这些程序中，最重要的是 MYCIN。

20 世纪 70 年代，斯坦福大学的一组研究人员开发了 **MYCIN**。MYCIN 是一个基于规则的专家系统，用于诊断细菌性血液感染。通过提出问题并利用大约 500 条规则进行反向链接，MYCIN 可以判别大约 100 种细菌性感染的原因。这使系统能够推荐有效的药物处方。在受控测试中，MYCIN 的性能被认定为与人类专家相当。MYCIN 中使用的推理方法和不确定性处理方法是该领域的先驱，对专家系统的发展产生了长远影响。

XCON 是由 Digital Equipment 公司开发的基于规则的系统。这个系统使用规则来帮助确定适合客户要求的最佳系统配置。XCON 可以在 1 min 内处理客户请求，而销售团队通常需要 20 ~ 30 min 来处理客户请求。有了专家系统，服务的准确率从手工方法的 65% 提高到了 98%。每套 XCON 每年可以为使用者节省数百万美元。

5.3.2　专家系统的新应用

专家系统的新应用包括风险管理、养老基金咨询、业务规则自动化、自动化市场监督和国土安全：

❑ **信用分析系统**。专家系统是为了支持商业贷款机构的需求而开发的。它们可以帮助分析客户的信用记录并评估信用额度。知识库中的规则还可以帮助评估风险和风险管理策略。在美国和加拿大排名前 100 的商业银行中，有超过三分之一的银行使用了这类系统。

❑ **养老基金咨询**。雀巢食品公司开发了能够提供有关员工养老基金状态信息的专家系统。这个系统维护了一个新的知识库，能够为参与者提供法规变化的影响和新标准一致性的建议。位于中国台湾南部的屏东大学在互联网上提供了一个系统。这个系统的功能是让用户通过假设分析来规划他们的退休生活，计算他们在不同场景下的养老金收益。

❑ **自动化服务台**。BMC Remedy 提供的 HelpDeskIQ 是一个面向小型企业的基于规则的服务台解决方案。这种基于浏览器的工具使小型企业能够更有效地处理客户请求。收到的电子邮件会自动传入 HelpDeskIQ 的业务规则引擎。消息将根据定义的优先级和状态发送给合适的技术人员。这个解决方案能够帮助服务台的技术人员更有效地解决问题和跟踪问题。

❑ **国土安全系统**。PortBlue 公司为美国国土安全开发了一个专家系统。这个系统旨在评估恐怖主义威胁，并提供：（1）有关面临恐怖袭击时的脆弱性的评估；（2）针对恐怖分子的监控活动的指标；（3）管理与潜在恐怖分子较量的指南。类似地，美国国家税务局使用智能系统来检测不规范的国际金融信息，以期阻止可能的洗钱和恐怖主义融资。

❑ **市场监测系统**。美国证券交易商协会（National Association of Security Dealers，NASD）开发了一个名为"证券观察、新分析和法规"（Securities Observation, New Analysis, and Regulations，SONAR）的智能监测系统。这个系统使用数据挖掘、基于规则的推理、基于知识的数据表示、自然语言处理来监控股票市场和期货市场的可疑模式。SONAR 系统每天会生成 50 ～ 60 条警报，供几组监管分析师和调查人员审查（Goldberg et al.，2003）。

❑ **业务流程再造系统**。再造涉及利用信息技术来改进业务流程。采用基于知识的系统来分析业务流程再造的工作流。例如，Gensym 的基于实时知识的仿真的系统性能分析（System Performance Analysis Using Real-Time Knowledge-based Simulation，SPARKS）系统可以帮助对必须嵌入再造后的系统中的正式和非正式的知识、技能和能力进行建模。SPARKS 包括流程流模型、资源模型、工作量和描述等三个组件。

❑ **客户支持**。罗技科技公司是全球最大的鼠标设备和网络摄像头供应商之一。因为这家公司提供了很多不同型号的这类设备，所以客户支持是一项重要挑战。为了利用互联网和智能系统技术，罗技科技公司部署了一个交互式知识门户，为其北美的 QuickCam 客户提供基于 Web 的自助客户支持。noHold 知识平台模拟了人类与客户互动的方式。用户可以用自然语言提出问题或描述问题，平台可以与用户进行智能对话，直到有足够的信息提供准确的答案。

- ❑ **货运列车系统的分配**。中国开发了一个分配货运列车的专家系统来确定每辆车装载什么货物以及装载多少货物。专家系统与现有的管理信息系统（Management Information System，MIS）集成在一起，并分发给多个用户。
- ❑ **预测电力市场**。EnvaPower 开发了一个名为 MarketMonitor 的电力市场预测系统，这个系统使用人工智能技术来收集、综合和分析可能影响电力消耗的因素。
- ❑ **设计手机游戏**。为了应对移动设备和娱乐需求的快速增长，英国的一组研究人员正在创建基于规则的人工智能引擎，以支持移动设备上的游戏开发。这个系统让可下载的游戏拥有人工智能组件，以便使它们变得更加智能。
- ❑ **财务诊断系统**。SEI Investment 使用业务规则管理技术创建了一个为客户提供财务健康解决方案的支持平台。这个系统包括法规和应用程序检查、事务管理治理和无须人工中断的事务自动化的规则。

现在，我们已经熟悉了各种专家系统应用，是时候来看看专家系统的内部结构，了解它是如何完成任务以实现其设计和开发的决策目标了。

5.4 专家系统的结构

我们可以认为，专家系统有两个环境：开发环境和咨询环境（见图 5.3）。专家系统构建器使用开发环境来构建专家系统的必要组件，并使用专家知识的恰当表示来填充知识库。非专家使用咨询环境来获取建议并使用嵌入在系统的专家知识来解决问题。这两种环境可以在系统开发过程结束时分开。

每个专家系统中几乎都会出现的三个主要组件是知识库、推理引擎和用户界面。但是，一般来说，与用户交互的专家系统还可以包含以下附加组件：知识获取子系统、黑板（工作区）、解释子系统（解释器）和知识提炼系统。

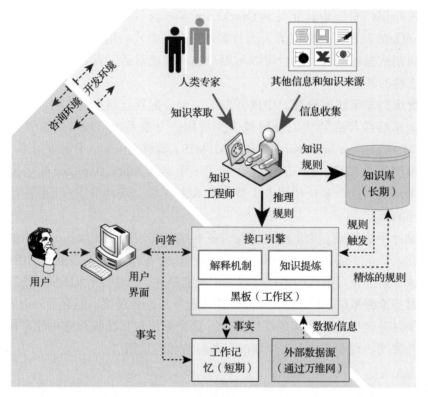

图 5.3　专家系统的结构

5.4.1　知识库

知识库是专家系统的基础。知识库中包含理解、表述和解决问题所必需的相关知识。典型的知识库可能包括两个基本要素：（1）描述特定问题情况特征和问题领域理论的事实；（2）表示深层专家知识，用于解决特定领域中的特定问题的特殊启发式信息或规则（知识块）。此外，推理引擎可以包括通用的问题解决和决策规则或者详细说明如何处理产生式规则的元规则。区分专家系统知识库和组织知识库很重要。存储在专家系统知识库中的知识通常是以特殊格式表示的，以方便软件程序（专家系统外壳）使用这些知识来帮助用户解决问题。然而，组织知识库中包含各种格式的知识，其中的大部分知识是以一种可以被人们消费的方式表示的并且可以存储在不同的地方。专家系统知识库是一个特例，它只是组织知识库中的一小部分。

5.4.2　推理引擎

专家系统的"大脑"是推理引擎。在基于规则的专家系统中，推理引擎又称控制结构或规则解释器。推理引擎本质上是计算机程序，它提供了一种对知识库中和黑板上的信息进行推理以形成恰当结论的方法。通过开发为了解决在咨询时遇到的问题而采用的组织和控制步骤的清单，推理引擎可以给出有关如何使用系统知识的指导。

5.4.3　用户界面

专家系统包含一个语言处理器，用于在用户和计算机之间进行友好的、面向问题的通信。这个语言处理器被称为**用户界面**。这种通信最好使用自然语言进行。受技术所限，大多数现有系统都使用图形或文本问答方式与用户交互。

5.4.4　黑板（工作区）

黑板是为描述当前问题的数据库留出的工作记忆区域，它以输入数据为特征。黑板还用于记录中间结果、假设和决策。黑板上可以记录三种类型的决策：解决问题的计划、提供待执行潜在行动的议程，以及系统迄今为止生成的包含候选假设和备选行动方案的解决方案。考虑以下示例。当汽车无法启动时，你可以将故障的表现输入计算机存储在黑板中。作为在黑板上形成的中间假设的结果，计算机可能会建议你进行一些额外的检查，如检查电池是否连接正确，并要求你报告结果。这些信息也记录在黑板上。这种用假设和事实值填充黑板的迭代过程一直持续到确定故障的原因为止。

5.4.5　解释子系统（解释器）

在专业知识转移和问题解决过程中，追溯结论责任来源的能力至关重要。解释子系统可以通过交互式回答以下问题来追溯这类责任并解释专家系统的行为：

❏ 为什么专家系统会问某个问题？
❏ 某个结论是如何得出的？

    ❏ 为什么某个备选方案会被拒绝？

    ❏ 在得出结论时需要做的决策的完整计划是什么？例如，在确定最终诊断之前还有什么需要知道？

在大多数专家系统中，前两个问题分别通过展示要求问特定问题的规则和用于推导特定建议的规则序列来回答。

5.4.6 知识提炼系统

人类专家有一个知识提炼系统。换句话说，他们可以分析自己的知识及其有效性，从中学习，并在未来的咨询中加以改进。同样，这种评价在专家系统中也是必要的，以便程序能够分析其成功或失败的原因，从而推动能够获得更准确知识库和更有效推理的改进。知识提炼系统的关键组成部分是自学习机制，这个机制让知识提炼系统可以根据最近的表现来调整知识库和知识处理。虽然这种智能组件目前还不够成熟，无法出现在很多商业专家系统工具中，但是大学和研究机构的实验性专家系统中正在开发这种智能组件。

📖 5.5 知识工程过程

从人类专家和其他信息源获取知识并将这些知识转换为知识存储库（通常称为知识库）的密集活动的集合称为**知识工程过程**（Knowledge Engineering Process）。知识工程是指将人工智能研究的原理和工具应用于需要专家知识才能解决的难题的艺术。知识工程需要人类专家和知识工程师之间的合作和密切沟通，以成功地编码和显式地表示人类专家用于解决特定应用领域问题的规则或者其他基于知识的过程。人类专家所拥有的知识往往是非结构化和非显式表示的。知识工程的主要目标是帮助专家阐明他们做事情的方式并以可重用的形式记录这些知识。

图 5.4 所示的是知识工程过程及其与知识工程活动之间的关系。在知识获取阶段，知识工程师与人类专家交互或者从其他知识源收集文档化的知识。然后，将所获得的知识编码到一个表示方案中以创建知识库。知识工程师可以与人类专家

合作或者使用测试用例来确认和验证知识库。经过验证的知识可以用于基于知识的系统，通过机器推理解决新问题并对生成的推荐建议进行解释。下面将讨论这些活动的详细信息。

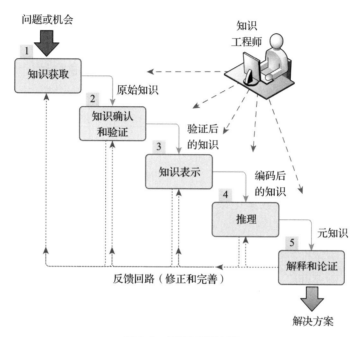

图 5.4　知识工程过程

5.5.1　知识获取

　　知识是事实、程序和判断的集合，通常使用规则来表示。知识可能来自一个或多个知识源，如书籍、电影、计算机数据库、图片、地图、故事、新闻文章、传感器和人类专家。从人类专家那里获取知识通常称为**知识萃取**（Knowledge Elicitation）。知识萃取可以说是最有价值和最具挑战性的。经典的知识萃取方法又称手工方法，包括访谈、跟踪推理过程和观察。因为这些手工方法缓慢、昂贵，有时还不准确，所以专家系统社区一直在开发半自动化方法和全自动的方法来获取知识。这些方法依赖计算机和人工智能技术，旨在最大限度地减少知识工程师和人类专家在过程中的参与次数。虽然有缺点，但是在现实世界的专家系统项目中，传统的知识萃取技术仍然占主导地位。

知识获取中的困难

从专家那里获取知识并非易事。以下因素会使从专家处获取知识并将其转移到计算机的过程变得复杂：

- ❏ 专家可能不知道如何表达他们的知识或者可能无法这样做。
- ❏ 专家可能缺乏时间或者可能不愿意合作。
- ❏ 测试和提炼知识很复杂。
- ❏ 知识萃取方法可能定义不明确。
- ❏ 系统构建者想要从一个知识源收集知识，但是相关知识可能分散在多个知识源中。
- ❏ 构建者可能会尝试收集记录在案的知识而不是找专家。收集的知识可能不完整。
- ❏ 当特定知识与无关数据混在一起时很难识别。
- ❏ 专家在被观察或采访时可能会改变自己的行为。
- ❏ 有问题的人际沟通因素可能会影响知识工程师和专家。

专家系统开发中的一个关键要素是确定专家。缓解这个问题的常用方法是为狭窄的应用领域构建专家系统并在其中更明确地定义专业知识。即便如此，人们很有可能会发现不止一位专家拥有不同的、有时相互矛盾的专业知识构成。在这种情况下，人们可能会选择在知识萃取过程中找多个专家。表 5.2 列出了找多个专家的一些优点和缺点。

表 5.2　找多个专家的优点和缺点

优点	缺点
平均而言，多个专家犯的错误会比一个专家更少	部分领域专家、资深专家或主管的担忧（缺乏保密性）
不需要找世界级的专家	一群意见相左的人提出的妥协方案
比单个专家的领域更广	群体思维现象
专业知识的综合	主要专家
专家之间的协作提高了质量	在小组会议上易浪费时间，在安排专家时遇到困难

5.5.2　知识表示

从专家那里获得的知识或者从一组数据中得出的知识必须以一种既能够被人类理解又可以在计算机上执行的格式表示。知识表示有很多不同的方法：产生式规则、语义网络、框架、对象、决策表、决策树和谓词逻辑。下面将解释最流行的方法：产生式规则。

产生式规则是专家系统最流行的知识表示形式。知识以条件动作对的形式表示：如果条件、前提或前因发生了，那么某些动作、结果、结论或后果也将会或应该发生。考虑以下两个示例：

❑ 如果红灯亮了且你已经停车，那么右转就可以了。

❑ 如果客户使用采购申请表 AND 采购订单获得了批准 AND 采购与收货是分开的 AND 账户可支付 AND 库存有记录，那么有强烈的提示性证据（90% 的概率）表明可以充分控制未经授权的采购。（这个来自内部控制程序的例子包含一个概率。）

知识库中的每条产生式规则都实现了一个可以独立于其他规则开发和修改的自主专业知识块。当组合规则并将其提供给推理引擎时，规则集的行为具有协同性，产生的结果比单个规则产生的结果之和更好。在某种意义上，规则可以看成是对人类专家认知行为的模拟。根据这种观点，规则不仅是在计算机中表示知识的简洁形式，而且代表了实际的人类行为模型。

5.5.3　知识确认和验证

从专家那里获得的知识需要进行质量评价。以下术语经常互换使用，但这里的定义如下：

❑ **评估**是一个宽泛的概念，其目标是评估专家系统的整体价值。除了评估可接受的性能水平外，评估还会分析系统是否可用、高效和划算。

❑ **验证**是评估的一部分，它处理系统与专家相比较时的性能。简单地说，验证就是构建正确的系统。

❑ **确认**是正确地构建系统或者证实系统是按照其规范正确实施的。

在开发专家系统时，这些活动是动态执行的，因为每次更改原型时都必须重复这些活动。在知识库方面要保证知识的有效性。确认知识库的构造是否正确也是必要的。

5.5.4　推理

推理是使用知识库中的规则以及已知事实得出结论的过程。推理需要一些嵌入在计算机程序中的逻辑来访问和操作存储的知识。这个程序是在推理规则指导下控制推理过程的算法，通常称为推理引擎。在基于规则的系统中，推理引擎又称规则解释器。

推理引擎通过知识库中的规则集合指导搜索，这个过程通常称为**模式匹配**（Pattern Matching）。在推理中，当规则的所有假设（"IF"部分）都满足时，就称规则被激活了。只要规则被激活，规则产生的新知识（THEN 部分的结论）将作为新事实插入内存中。推理引擎检查知识库中的每条规则，以根据当时已知的信息（已知事实的集合）确定可以触发的规则。继续这样做，直到实现目标。基于规则的系统最流行的推理机制是前向链接和后向链接。下面将介绍这两种推理机制：

- ❑ **后向链接**是一种目标驱动的方法。我们可以从对将要发生的事情的预期，即假设开始，然后寻找支持或反对预期的证据。通常，这需要制定和检验中间假设或子假设。
- ❑ **前向链接**是一种数据驱动的方法。我们从可用信息或基本想法开始，然后尝试得出结论。专家系统通过查找与其 IF-THEN 规则中的 IF 部分匹配的事实来分析问题。例如，如果某台机器不工作，那么计算机会检查机器的电流。在测试每条规则时，程序会朝着一个或多个结论前进。

1. 前向链接和后向链接示例：我应该投资 IBM 的股票吗

这是一个有关是否投资 IBM 股票的投资决策示例。以下是决策时使用的变量：

A = 有 10 000 美元

B = 30 岁以下

C = 大学水平的教育

D = 年收入至少是 40 000 美元

E = 投资证券

F = 投资成长股

G = 投资 IBM 的股票（潜在目标）

这些变量都可以用"真"（"是"）或"假"（"否"）回答。

事实：我们假设投资者有 10 000 美元（A 取值为"真"）而且她 25 是岁（B 取值为"真"）。她想获得有关投资 IBM 股票的建议（目标为"是"或"否"）。

规则：知识库包含以下 5 条规则：

R1：如果她有 10 000 美元可以投资而且她拥有大学学位，那么她应该投资证券。

R2：如果她的年收入至少是 40 000 美元而且她拥有大学学位，那么她应该投资成长股。

R3：如果她不到 30 岁而且正在投资证券，那么她应该投资成长股。

R4：如果她小于 30 岁且大于 22 岁，那么她有大学学位。

R5：如果她想投资成长股，那么她应当投资 IBM 的股票。

这些规则可以写成如下形式：

R1：如果 A 和 C，那么 E。

R2：如果 D 和 C，那么 F。

R3：如果 B 和 E，那么 F。

R4：如果 B，那么 C。

R5：如果 F，那么 G。

我们的目标是确定是否投资 IBM 的股票。对于后向链接，我们首先寻找在其结论（THEN）部分中包含目标（G）的规则。因为 R5 是唯一符合条件的，所以我们从它开始。如果多条规则都包含 G，那么推理引擎就会规定处理这种情况的程序。这就是我们所做的：

第 1 步。尝试接受或拒绝 G。专家系统到断言库中查看 G 是否存在。目前，我们在断言库中只知道 A 为真且 B 为真。因此，专家系统进入第 2 步。

第 2 步。R5 表明，如果我们投资成长股（F），那么我们应该投资 IBM（G）。如果我们能够得出结论，R5 的前提或者为真或者为假，这样我们就解决了这个问题。但是，我们不知道 F 是否为真。我们现在该怎么办？需要注意的是，F 既是R5 的前提，也是 R2 和 R3 的结论。因此，要确定 F 是否为真，就必须检查这两条规则。

第 3 步。我们先（任意）尝试 R2；如果 D 和 C 都为真，那么 F 为真。现在我们有一个问题。D 既不是任何规则的结论，也不是事实。如果投资者的年收入超过 40 000 美元，那么计算机可以转向另一条规则，或者通过询问为其提供咨询的投资者来尝试确定 D 是否为真。专家系统做什么取决于推理引擎使用的搜索过程。通常，仅当信息不可用或者无法推断时才要求用户提供附加信息。我们放弃 R2 并返回另一个规则 R3。这种我们处于死胡同却仍在尝试其他事情的行为称为回溯。计算机必须预先编程以处理回溯情况。

第 4 步。前往 R3，测试 B 和 E。我们知道 B 为真，因为它是给定的事实。为了证明 E，我们前往 R1，其中 E 是结论。

第 5 步。检查 R1。有必要确定 A 和 C 是否为真。

第 6 步。因为 A 是给定的事实，所以是正确的。要测试 C，必须测试 R4，其中 C 是结论。

第 7 步。R4 告诉我们，因为 B 为真，所以 C 为真。因此，C 是事实并被增加到断言库中。现在，E 为真，验证了 F 和我们的目标（建议投资 IBM 股票）。

请注意，在搜索过程中，专家系统从 THEN 部分移动到 IF 部分，再回到THEN 部分，依此类推。有关后向链接的图形描述，请参见图 5.5。

我们使用与后向链接相同的例子来说明前向链接的过程。在前向链接中，我们从已知事实开始，并使用 IF 端的规则推导出新的事实。本例中前向链接的具体步骤如下，有关这个过程的图形描述，请参见图 5.6。

第 1 步。因为已知 *A* 和 *B* 为真，所以专家系统开始使用在 IF 侧包含 *A* 和 *B* 的规则推导出新的事实。使用 R4，专家系统派生出新的事实 *C*，将其设为真并添加到断言库中。

第 2 步。R1 触发（因为 *A* 和 *C* 为真）且断言库中的断言 *E* 为真。

第 3 步。因为已知 *B* 和 *E*（它们在断言库中）都为真，所以 R3 触发且确定 *F* 在断言库中为真。

第 4 步。由于 R5 触发（因为 *F* 在其 IF 侧），因此确定 *G* 为真。所以专家系统建议投资 IBM 的股票。如果有多个结论，那么可能会触发更多规则，具体取决于推理过程。

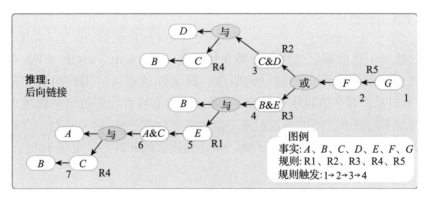

图 5.5　后向链接的图形描述

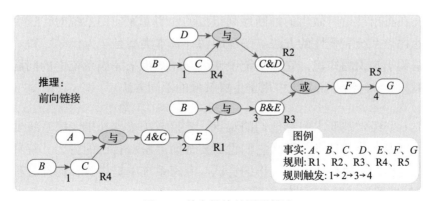

图 5.6　前向链接的图形描述

2. 不确定性推理

虽然不确定性在现实世界中普遍存在，但是它在人工智能实际世界中的处理却是有限的。有人可能会争辩说，因为专家提供的知识通常是不准确的，所以为了具有可比性，模仿专家推理过程的专家系统也应该是这种不确定性的。为了将不确定性融入推理过程中，专家系统的研究人员提出了概率比、贝叶斯方法、模糊逻辑和确定性因素理论等多种方法。以下是对确定性因素理论的简要说明，它是专家系统中最常用的适应不确定性的方法。

确定性因素理论基于相信和不相信的概念。标准统计方法基于这样的假设：不确定性是事件或事实为真或者为假的概率，而确定性理论则是基于相信的程度（而不是计算出的概率）。

确定性理论依赖确定性因素。**确定性因素**（Certainty Factor，CF）表示对事件、事实或基于专家评价的假设的信念。确定性因素可以用任何数值范围（如 $0 \sim 100$）表示，其中值越小，事件（或事实）为真或者为假的概率就越小。因为确定性因素不是概率，所以当我们说下雨的确定性值是 90 时，我们并没有暗示不下雨这个观点，也不一定是 10。因此，确定性因素的和并不一定是 100。

5.5.5 解释和论证

专家系统的最后一个特性是与用户的交互性以及提供解释的能力，其中解释是由系统在得出结论时做出的推断序列组成的。当专家使用系统时，这个特性提供了一种评价系统完整性的方法。解释的两种基本类型是"为什么"和"如何"。**元知识**是关于知识的知识，它是系统中使用领域知识来完成系统中的问题解决策略的结构。本节讨论专家系统中用于生成解释的不同方法。

人类专家经常被要求解释他们的观点、建议或决策。如果专家系统要模仿人类执行高度专业化的任务，那么它们也需要证明并解释自己的行为。解释是专家系统阐明其推理、建议或其他操作的尝试。专家系统中提供解释的部分称为解释工具（或解释器）。解释工具有以下目的：

❑ 使系统更易于为用户所理解。

- 发现规则和知识库的缺陷（由知识工程师调试系统）。
- 解释用户没有预料到的情况。
- 通过帮助用户对专家系统的行动更加放心来满足心理和社会需求。
- 向用户和构建者阐明系统操作背后的假设。
- 进行灵敏度分析。使用解释工具作为指导，用户可以预测和测试变化对系统的影响。

在基于规则的专家系统中，解释通常与跟踪在问题解决会话中触发规则的某种方式相关联。因为当今系统的知识几乎完全表示为规则，所以这是最接近它们的真实解释，而这些规则不包括人类解释所需的基本原则。虽然已经提出了很多解释，但是下一节我们将简要描述两种最常见的类型：为什么解释及如何解释。

1. 为什么解释

在计算机要求用户提供一些信息以后，用户会向计算机提出典型的"为什么"问题。例如，对于之前的投资示例，我们可能会有以下对话：

计算机：您的年收入是多少？

客户：为什么？（你为什么要知道？）

计算机：R2；意思是"在检查 R2 时，我需要知道您的收入是否超过 40 000 美元。如果是，那么我会得出结论：因为您拥有大学学位，所以应该投资成长股"。

2. 如何解释

当用户想知道某个结论或建议是如何得到的时候，他会提出典型的"如何"问题。简单系统仅限于最终结论。更复杂的系统也可以处理中间结论。系统可以解释为什么某条规则会被触发。也就是说，它显示了用于得出结论的规则链。在投资问题中，如何解释可能是这样的：

计算机：投资 IBM 的股票。

客户：如何得出的？（这个结论是怎么得出的？）

计算机：R5–R3–R7–R4 的意思是"假设您有 10 000 美元可以投资，而且还不到 30 岁，那么根据 R4，您拥有大学学位。如果是这种情况，那么根据 R1，应该投资股票。对于像您这样的年轻投资者，根据 R3，如果您打算投资，那么应该投资成长股。最后，根据 R5，如果需要投资成长股，那 IBM 是最好的选择"。

解释为什么和如何做经常使用编程规则，而不是用自然语言描述规则。但是，有些系统能够用自然语言表示这些规则。

5.6 专家系统的优点和缺点

使用专家系统既可以带来好处，同时也会带来限制。以下是在实际应用中常见的一些优点和缺点。

5.6.1 使用专家系统的优点

使用专家系统的优点包括：

- **增加产出和提高生产力**。专家系统的工作速度比人更快。例如，经典的 XCON 使 Digital Equipment 公司将其流行的 VAX 小型机配置订单的吞吐量提高了四倍。
- **减少决策时间**。根据专家系统的建议，人可以更快地做决策。例如，美国运通当局在不到 5 秒内就能完成收费审批，而在实施专家系统之前这大约需要 3 分钟。这个属性对于支持必须在与客户互动时快速做出决策的一线决策者非常重要。
- **提高流程和产品的质量**。专家系统可以通过提供一致的建议以及减少错误的规模和错误率来提高质量。例如，XCON 将配置计算机订单的错误率从 35% 降低到 2% 甚至更低，从而提高了小型机的质量。
- **减少停机时间**。很多操作性的专家系统用于诊断故障和指导维修。通过使用专家系统，可以显著减少机器的停机时间。例如，在石油钻井平台上，一天的损失可能高达 25 万美元。一个名为 DRILLING ADVISOR 的系统被开发用于检测石油钻井平台的故障。这个系统通过显著减少停机时间为公司节省了大量资金。

- **获取稀缺的专业知识**。当专家即将退休或离职，或者在广阔的地理区域内需要专业知识时，如果没有足够的专家来完成某项任务，那么专业知识的缺乏就会变得很明显。例如，在开头的小片段中，超过 30% 的福利授权请求是通过 eCare 自动批准的，这使 CIGNA Behavioral Health 能够和其现有员工一起处理更多请求。

- **灵活性**。专家系统可以为服务业和制造业提供灵活性。

- **更容易的设备操作**。专家系统使复杂的设备更易于操作。例如，Steamer 是一个早期的专家系统，旨在培训没有经验的工人操作复杂的船舶发动机。另一个例子是为壳牌石油公司开发的专家系统，它被用于训练人们使用复杂的计算机程序例程。

- **不需要昂贵的设备**。通常，人类必须依靠昂贵的设备来进行监控。专家系统可以使用低成本的设备完成相同的任务，因为它们能够更彻底、更快速地研究设备提供的信息。

- **在危险环境中操作**。很多任务需要人在危险环境中操作。专家系统可以让人避开这样的环境。它们可以使工作人员避开炎热、潮湿或有毒的环境，如发生故障的核电站。这个特性在军事冲突中极为重要。

- **知识和服务台的可访问性**。专家系统使知识易于获取，从而将专家从日常工作中解放出来。人们可以查询系统并获得有用的建议。一个适用领域是对服务台的支持，如 BMC Remedy 提供的 HelpDeskIQ 系统。

- **能够处理不完整或不确定的信息**。与传统的计算机系统相比，专家系统可以像人类专家一样处理不完整、不精确和不确定的数据、信息或知识。在咨询过程中，用户可以对系统的一个或多个问题用"不知道"或"不确定"来回答，而专家系统则可以给出答案，尽管给出的可能不是确定的答案。

- **提供培训**。专家系统可以提供培训。使用专家系统的新手会变得更有经验。解释工具也可以用作教学设备。可以插入知识库的注释和解释也是如此。

- **提高解决问题和决策的能力**。专家系统通过将顶级专家的判断整合到分析中来提高解决问题的能力。例如，名为 Statistical Navigator 的专家系统被开发用于帮助新手使用复杂的统计计算机包。

- **改进决策过程**。专家系统提供对决策结果的快速反馈，可促进团队中决策者之间的沟通，允许对环境中不可预见的变化快速做出反应，从而更好地了解决策情况。

❑ **提高决策质量**。专家系统是可靠的。它们不会感到疲倦或无聊，不会请病假或罢工，也不会跟老板顶嘴。专家系统也始终关注所有细节，不会忽视相关信息和潜在解决方案，从而减少了错误。最后，专家系统会为重复的问题提供相同的建议。

❑ **解决复杂问题的能力**。总有一天，专家系统可以解释人无法解决的复杂问题。一些专家系统已经能够解决要求的知识范围超过任何人的问题。这使决策者能够控制复杂的情况并改进复杂系统的运行。

❑ **向偏远地区的知识转移**。专家系统最大的好处之一是它易于跨越国际边界。这种转移的一个例子是罗格斯大学与世界卫生组织合作开发的用于诊断和推荐治疗的眼科护理专家系统。这个程序已经在埃及和阿尔及利亚实施。阿尔及利亚的严重眼病很普遍，但是眼科专家却很少。PC 程序是基于规则的，可以由护士、医师助理或全科医生操作。Web 被广泛用于向偏远地区的用户传播信息。例如，美国政府在其网站上设置了有关安全和其他主题的咨询系统。

❑ **增强其他信息系统**。经常可以发现专家系统为其他信息系统提供智能功能。其中的诸多好处可以改善决策，改进产品和客户服务，并带来可持续的战略优势。有些甚至可以提升组织的形象。

5.6.2　专家系统的局限性和缺点

专家系统的局限性和缺点如下：

❑ 知识并非总是唾手可得的。
❑ 从人类身上提取专业知识可能很困难。
❑ 虽然每位专家对情况的评估方法可能不同，但是都是正确的。
❑ 即使对于技术娴熟的专家来说，在时间压力下也很难抽象出好的情境评估。
❑ 专家系统的用户具有自然的认知限制。
❑ 专家系统仅适用于狭窄的知识领域。
❑ 大部分专家没有独立的方法来检查其结论是否合理。

- 专家用来表达事实和关系的词汇或术语往往是有限的，其他人无法理解。
- 通常需要稀少且昂贵的知识工程师的帮助。这可能会使专家系统的建设成本高昂。
- 最终用户缺乏信任可能是使用专家系统的障碍。
- 知识转移受很多感知和判断偏见的影响。
- 专家系统在某些情况下可能无法得出结论。例如，最初完全完整的 XCON 无法完成提交给它的约 2% 的订单。人类专家必须介入以解决这些问题。
- 专家系统与人类专家一样，有时会产生不正确的建议。

5.6.3　专家系统的关键成功因素

同任何以计算机为中介的决策支持系统一样，开发过程中管理人员和用户的参与度会直接影响最终专家系统的成败。为取得成功，应当考虑以下问题：

- 知识水平必须足够高。
- 必须至少从一位合作专家那里获得专业知识。
- 要解决的问题必须主要是定性的（模糊的），而不是纯定量的；否则，应当使用数值方法。
- 问题的范围必须足够狭窄。
- 专家系统外壳的特征很重要。外壳必须是高质量的，而且可以自然地存储和操作知识。
- 用户界面必须对新用户友好。
- 问题必须足够重要和困难，以保证专家系统的开发（但是它不必是核心功能）。
- 需要具有良好人际交往能力的知识渊博的系统开发人员。
- 必须考虑专家系统作为最终用户任务改进来源的影响。
- 影响应当是有利的。必须考虑最终用户的态度和期望。
- 必须谋求管理支持。
- 最终用户的培训计划是必要的。
- 组织环境应当有利于采用新技术。
- 应用程序必须明确定义和结构化，并应通过战略影响来证明其合理性。

试图将专家系统技术引入工作场所的管理者应该制定最终用户教育和培训计

划，以展示其作为业务工具的潜力。为了取得成功，组织环境还应当有利于采用新技术。

👥 5.7 基于案例的推理

人工智能和机器学习的基本前提是历史数据的保留和以前的决策经验描述。这些基于经验的记录通常称为**案例**（Case）。案例可以用作直接参考，以支持未来的类似决策或者归纳规则或决策模式（广义决策模型）。前者称为基于案例的推理（Case-Based Reasoning，CBR）或类比推理，它把旧问题的解决方案用于解决新问题。后者称为归纳学习（Inductive Learning），它允许计算机检查历史案例并生成规则或其他可以解决新问题的广义知识表示，也可以被部署到重复处理特定类别问题的自动化决策支持过程中，如评估贷款申请。本节将介绍基于案例的推理的概念及其在智能管理支持系统中的应用。

5.7.1 基于案例的推理的基本思想

基于案例的推理的前提是新问题往往与旧问题相似。因此，过去成功的解决方案可能有助于解决当前的情况。案例通常来自遗留数据库。案例将现有的组织信息资产转换为可利用的知识库。基于案例的推理特别适用于对领域的理解不够充分的问题，此时无法使用规则、方程或其他数字或符号公式构建强大的、基于广义模型的预测系统。基于案例的推理通常用于诊断或分类型任务，如根据可观察到的属性确定机器故障的性质，并根据在类似事件的历史中找到的成功解决方案来制定维修方案。

基于案例的推理的基础是案例的存储库（或库）。这个存储库称为案例库，其中包含很多以前用于决策的案例。基于案例的推理已经被证明是极其有效的解决现有规则不足的问题的方法。事实上，因为经验是人类专业知识的重要组成部分，基于案例的推理被认为是专家推理的在心理上比基于规则的推理更合理的模型。表 5.3 总结了二者的理论比较。使用基于案例的推理方法的理由通常是人类思维不使用逻辑（或从第一原理推理），而是在正确的时间对正确的信息进行处理。核心问题是在需要时确定相关信息。

表 5.3　基于规则的推理系统和基于案例的推理系统的比较

准则	基于规则的推理	基于案例的推理
知识单位	规则	案例
粒度	细	粗
知识获取单位	规则、层次结构	案例、层次结构
解释机制	规则触发的回溯	断例
特征输出	回答和置信度指标	回答和断例
问题间的知识转移	如果是回溯的，那么较高；如果是确定的，那么较低	低
速度是知识库大小的函数	如果是回溯的，那么是指数的；如果是确定的，那么是线性的	如果索引树是平衡的，那么是对数的
领域需求	领域词汇 一套好的推理规则 只有少数规则或者规则是顺序应用的 领域通常遵守规则	领域词汇 样本案例数据库 稳定性（修改好的解决方案可能仍然是好的） 规则有很多例外
优点	灵活运用知识 潜在的最佳答案	快速获取知识 举例说明
缺点	由于不适合的规则和问题参数导致的可能错误 黑盒答案	次优解决方案 冗余知识库 计算量大 开发时间很长

5.7.2　基于案例的推理中案例的概念

案例是基于案例的推理应用中的主要知识元素。它是问题特征和与每种情况相关的恰当业务操作的组合。这些特征和动作可以用自然语言或特定的结构化格式表示。

案例可以根据其特点和处理方式分为僵化型、范例型和故事型三类。**僵化型案例**（Ossified Cases）经常出现且非常标准。可以通过归纳学习将僵化型案例概括成规则或其他形式的知识。**范例型案例**（Paradigmatic Cases）包含某些无法一概而论的独特特征。范例型案例需要存储在案例库中并建立索引，以备将来参考。**故事型案例**是一种特殊的案例，具有丰富的内容和深刻的内涵。图 5.7 展示了处理这三种情况的方式。基于案例的推理专门用于处理无法通过基于规则的推理正确处理的典型案例。

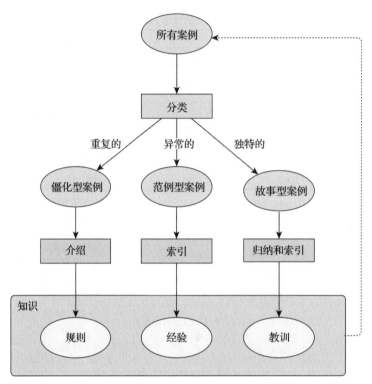

图 5.7　从不同类型的案例中获取知识

5.7.3　基于案例的推理的流程

可以使用一个四步流程来描述基于案例的推理：

1）**检索**。给定目标问题，从过去的案例库中检索与解决当前案例相关的最相似案例。

2）**重用**。将前一个案例的解决方案映射到目标问题。重用最好的旧解决方案来求解当前的案例。

3）**修改**。将先前的解决方案映射到目标问题后，在现实世界（或模拟）中测试新的解决方案，并在必要时修改案例。

4）**保留**。在解决方案成功适应目标问题后，将产生的经验作为新案例存储在案例库中。

基于案例的推理的流程如图 5.8 所示，其中，方框表示过程，椭圆表示知识结构。

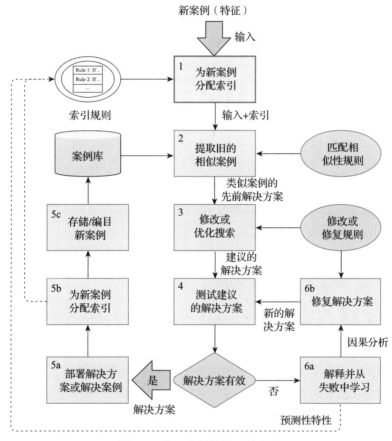

图 5.8　基于案例的推理的流程

5.7.4　示例：使用基于案例的推理进行贷款评估

我们来考虑贷款评估中基于案例的推理的一个可能场景。当收到一个新案例时，系统会构建一组特征来表示它。假设申请人是一名 40 岁的已婚男性，年收入 5 万美元，在一家中型制造公司工作。此时，特征集是 [年龄 =40，婚姻状况 = 已婚，薪水 =50 000，雇主 = 中型企业，行业 = 制造业]。系统会到案例库查找类似案例。假设系统发现了以下三个类似案例：

John=[年龄 =40，婚姻状况 = 已婚，薪水 =50 000，雇主 = 中型企业，行业 = 银行业]

Ted=[年龄 =40，婚姻状况 = 已婚，薪水 =45 000，雇主 = 中型企业，行业 = 制造业]

Larry=[年龄 =40，婚姻状况 = 已婚，薪水 =50 000，雇主 = 小型企业，行业 = 零售业]

如果 John 和 Ted 的还贷表现良好，而 Larry 因公司破产无法偿还，那么系统会建议批准贷款。这是因为 John 和 Ted 与新申请人更相似（5 个属性中的 4 个是相同的），在还款方面毫无问题。Larry 被认为与新申请人不太相似（5 个属性中只有 3 个相同），因此参考作用不大。

5.7.5 基于案例的推理的好处和可用性

基于案例的推理使学习更容易，推荐更合理。很多基于案例的推理的应用已经实现了。以下是基于案例的推理的常见好处：

❑ 提高知识获取能力。基于案例的推理更易于构建和维护，而且开发和支持知识获取的成本更低。
❑ 系统开发比手工知识获取更快。
❑ 利用现有的数据和知识。
❑ 不需要完整的正式领域知识（如规则所要求的）。
❑ 专家在讨论具体案例（而不是一般规则）时感觉更好。
❑ 解释变得更容易。可以展示逻辑顺序而不是很多规则。
❑ 因为可以被自动化，所以新案例的获取很容易。
❑ 从成功和失败中都可以学习经验。

5.7.6 基于案例的推理的问题和应用

基于案例的推理可以单独使用，也可以和其他推理范式结合使用。一些基于案例的推理系统的实现结合了基于规则的推理，以解决诸如案例索引和适应准确性之类的限制。表 5.4 列出并描述了基于案例的推理在不同领域的一些应用。

表 5.4 基于案例的推理的应用和示例

应用	示例
电子商务	智能产品目录搜索、智能客户支持和销售支持
Web 和信息搜索	目录、构建过程中基于案例的信息检索和电子招聘中的技能画像
规划和控制	空中交通管制中的冲突解决和酿酒行业中的生物工艺配方规划
设计	概念建筑设计辅助、机电设备的概念设计辅助以及超大规模集成电路（Very Large-Scale Integration，VLSI）设计
重用	结构设计计算文档的重用、面向对象软件的重用、工程设计辅助工具的重用
诊断	血液酒精含量预测、在线故障排除和客户支持、医疗诊断
推理	法律知识的启发式检索、法律领域的推理以及计算机支持的谈判或调解的冲突解决

分析师必须特别注意以下有关基于案例的推理系统实现的问题：

❑ 什么构成了案例？如何表示案例记忆？

❑ 记忆是如何组织的？索引规则是什么？

❑ 记忆在相关的信息检索中的作用如何？

❑ 如何对案例进行高效的搜索知识导航？

❑ 如何组织或聚类案例？

❑ 如何设计案例的分布式存储？

❑ 如何用旧的解决方案来解决新问题？能否根据上下文简单地调整内存以实现高效查询？度量和修改相似性的规则是什么？

❑ 如何从原始案例中排除错误？

❑ 如何从错误中吸取教训？也就是说，如何修复和更新案例库？

❑ 如何将基于案例的推理与其他知识表示和推理机制相结合？

❑ 是否有比我们目前使用的模式匹配方法更好的方法？

❑ 是否有与基于案例的推理模式相匹配的替代检索系统？

分析师还应注意以下问题：

- □ 自动案例适应规则可能很复杂。
- □ 结果的质量在很大程度上取决于所使用的索引。
- □ 随着领域模型的发展，案例库可能需要扩展，然而对领域的很多分析可能会被推迟。

应用案例：用于歌曲优化选择和排序的基于案例的推理系统

虽然互联网上的媒体数字发行彻底改变了我们购买和分享音乐的方式，但是我们在共享环境中听歌的方式并没有改变。通常，有一大群有着相似品味的人在虚拟世界中听着独特的音乐流，但他们不会对音乐选择的性质和顺序有所反馈。例如，在音乐俱乐部中，DJ 可能会忙于选择和混合歌曲而无法检查听众的反馈和反应。同样，在广播中，广播公司在评估和满足听众的需求和品味方面也遇到了各种困难。除了技术上的困难之外，在开发音乐推荐技术和个性化技术方面也存在内在的代表性挑战。

虽然诸如搜索引擎之类的信息检索系统使用关键字提取来表示文档、客户评论、商业交易的主题，以便进行索引和检索，但是对音频进行上述处理仍然是很多研究的主题。另一种选择是依靠人工输入进行内容描述，这可能是一个漫长的知识密集型过程。作为基于案例的推理系统的一部分的自动协同过滤（Automated Collaborative Filtering，ACF）经常被提议作为一种缓解知识萃取困难的技术（Hayes，2003）。

在一个有趣的研究项目中，Baccigalupo 和 Plaza 开发了一个交互式社交框架来克服单向音乐选择问题，其目标是提高观众的群体满意度（Baccigalupo & Plaza，2007）。他们提出了一种独特的基于群体的网络广播架构。这种架构称为 Poolcasting，其中每个频道上播放的音乐不是预先编排好的，它受当前观众的实时影响。在这个架构中，用户可以通过 Web 界面提交明确的歌曲偏好。在 Web 界面中，用户可以请求播放新的歌曲，评价预定的歌曲，并发送有关最近播放歌曲的反馈。这种系统的主要问题是如何保证播放的歌曲对所有观众的公平性。为此，他们实现了一个基于案例的推理系统。这个系统结合音乐需求（如多样性和连续性）和听众偏好为每个频道安排歌曲。为了在存在并发偏好的情况下保持公平,系统采用了一种有利于那些对最近播放的歌曲不太满意的听众的策略。

❑ **检索过程**。在这个过程中,从特定频道的音乐池中识别出歌曲子集,其中的歌曲要么是由观众中的某个人通过 Web 界面推荐的,要么是最近没有播放过而且在音乐上是与计划播放的最后一首歌曲相关的。

❑ **重用过程**。这个过程获取检索过程的输出(检索集)并考虑当前听众的偏好对其进行排序,从而实现更加重视那些对最近在该频道上播放的音乐不太满意的听众的意见的功能。与四个属性(用作相似性度量)最匹配的歌曲将被安排在下一首预定播放的歌曲之后播放。这四个属性是:

○ 多样性。任何歌曲都不应该在频道上重复播放。

○ 连续性。每首歌曲都应该在音乐上与它后面的歌曲相关联。

○ 满意。每首歌曲都应该符合当前听众的音乐偏好,至少符合大多数听众的音乐偏好。

○ 公平。听众对最近播放的歌曲越不满意,其偏好就越应该影响接下来播放的歌曲的选择,这样观众中的任何人都不会被排除在外。

❑ **修改过程**。当一首歌曲在一个频道播放时,Web 界面会显示其标题、歌手、封面和剩余时间。听众可以反馈自己是否喜欢这首歌,通过积极或消极的反馈来评价频道上播放的歌曲,这反过来会增加或者减少这首歌曲与前一首播放的歌曲之间的关联程度。假设用户对某个频道上播放的歌曲给予了正面评价,那么他喜欢这首歌曲或者这首歌曲适合这个频道编排的音乐序列。根据这个反馈,Poolcasting 更新听众的偏好模型和有关歌曲的音乐知识。

这种音乐调度的总体方法将调度范式从经典的“一控制多听众”的单一方法转变为新的“多控制多听众”的分散式调度方法。开发人员证实,无论是对只提供自己的隐含偏好的被动用户,还是对根据自己的偏好不断提供反馈的主动用户而言,这个系统都可以产生令人满意的结果。这个系统的初步结果还表明,用户喜欢歌曲并发现了他们的偏好列表中没有的新音乐,这归功于系统在使用多维相似性度量智能地关联相似风格歌曲方面的成功。

> 基于案例的推理使得在开发这种先进的音乐推荐系统时克服很多可以克服的障碍成为可能。在这样的先进音乐推荐系统中，听众的构成是动态变化的（不断有新的听众出现，也不断有听众在离开频道）。利用广播频道的理想属性与社区偏好之间的良好平衡，Poolcasting 系统似乎兑现了它的承诺。事实上，有关这个系统的论文在 2007 年爱尔兰贝尔法斯特举行的第七届基于案例的推理的国际会议上获得了最佳应用论文奖。
>
> 资料来源：文献（Baccigalupo & Plaza，2007）。

5.8 结论

本章介绍了人工智能、专家系统和基于案例的推理等新一代规范性分析技术的推动者。在计算机中理解和表示人的思维过程（以及为智能决策能力奠定基础的逻辑推理）正在推进规范性分析的边界。虽然人工智能、专家系统和基于案例的推理已经存在了几十年而且在早期已取得了有限的成功，但是新趋势和新能力使得这些决策系统比以往任何时候都更受欢迎而且有望带来新的创新用例和价值主张。

参考文献

Baccigalupo, C., and Plaza, E. (2007). "A Case-Based Song Scheduler for Group Customized Radio." Proceedings of the Seventh International Conference on Case-Based Reasoning (ICCBR), Belfast, Northern Ireland, UK: Springer.

Davenport, T. H. (2018). "From Analytics to Artificial Intelligence." *Journal of Business Analytics*, 1(2), 73–80.

Deloitte. (2017). Deloitte State of Cognitive Survey. Retrieved from https://www2.deloitte.com/content/dam/Deloitte/us/Documents/deloitte-analytics/us-da-2017-deloitte-state-of-cognitive-survey.pdf (February 2019).

ExSys Customer Success Stories and Case Studies, "Menu Vino—Wine Advisor" available at http://www.exsys.com/winkPDFs/CommercialOnlineWineAdvisors.pdf (accessed January 2019).

Goldberg, H. G., Kirkland, J. D., Lee, D., Shyr, P., & Thakker, D. (2003, August). The NASD Securities Observation, New Analysis and Regulation System (SONAR). In *IAAI* (pp. 11–18).

Hayes, C. (2003). *Smart Radio: Building Community-Based Internet Music Radio*, Ph.D. thesis, University of Dublin, Ireland, UK.

Papic, V., Rogulj, N., and Pleština, V. (2009). "Identification of Sport Talents Using a Web-Oriented Expert System with a Fuzzy Module." *Expert Systems with Applications,* 36, 8830–8838.

Rogulj, N., Papic, V., and Pleština, V. (2006). "Development of the Expert System for Sport Talents Detection." *WSEAS Transactions on Information Science and Applications,* 9(3), 1752–1755.

第 6 章

商业分析的未来

商业分析的应用正在增加，不仅在不同行业和垂直领域的企业中，而且在各种规模的企业中，即从能力强的大型企业向下渗透到中小型企业。很多企业已经成功而且迅速地从描述性分析发展到预测性分析，再从预测性分析发展到规范性分析。最近，著名的商业分析大师 Tom Davenport 博士按照复杂度将商业分析分为四个时代（Davenport，2018），如图 6.1 所示。

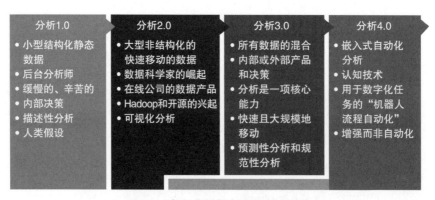

图 6.1　商业分析复杂度的四个时代

分析 1.0 持续了近二十年，本质上是商务智能和数据仓库的时代。商务智能和数据仓库对组织内收集的结构化数据进行总结和情境化，并成功地为决策者提供了洞见。随着分析 2.0 的出现，分析的发展也在继续。分析 2.0 以预测性建模、数据、文本、网络挖掘以及非结构化数据和较少结构化数据的引入为标志，更好地为决策提供预见。在分析 2.0 之后不久，随着大数据的出现，我们进入了分析 3.0 时代。刚刚开始或者即将开始的最后一个分析时代是分析 4.0，以人工智能（AI）和认知计算的出现为标志。正如我们所知，分析的当下和未来是由这个时代定义，即嵌入式自动决策、机器人流程自动化、深度学习和认知计算的时代。在本章中，我们以足够的深度和广度介绍这些主题，以描绘分析的前沿蓝图。

6.1　大数据分析

使用数据来理解客户以及企业运营以维持增长和营利能力对现在的企业来说是一项越来越富于挑战性的任务。随着越来越多组织内外各种形式的数据变得可用，以传统方式及时处理数据变得不切实际。这种现象被称为**大数据**（Big Data）。它获得了大量的新闻报道，并吸引了越来越多的企业用户和学术界研究者。但在一定程度上，这也导致大数据正在成为一个过度炒作和过度使用的营销口号。

大数据对人们来说意味着不同的东西。传统上，这个词用于描述由 Google 等大型组织或者 NASA 的科学研究项目分析的海量数据。但是，对大多数企业来说，大数据是一个相对的词："大"取决于组织的规模和数据的成熟度。其重点是在传统数据源的内部和外部寻找新的价值。突破数据分析的界限会发现新的洞见和机会，而"大"则取决于你从哪里开始以及如何进行。例如，考虑以下对大数据的流行描述：处理大数据超出了通常使用的硬件环境和软件工具的能力，无法在用户可以接受的时间范围内获取、管理和处理。大数据已经成为描述结构化和非结构化信息呈指数级增长以及可用性和使用情况的流行词。关于大数据的发展趋势以及大数据如何作为创新、差异化和增长的基础已经有很多讨论。

6.1.1　大数据来自何处

关于这个问题，一个简单的答案是"大数据来自四面八方。"大数据可能来自网络日志、RFID 标签、GPS 系统、传感器网络、社交网络、基于互联网的文本文档、互联网搜索索引、详细的通话记录、天文学、大气科学、生物学、基因组学、核物理学、生化实验、医疗记录、科学研究、军事监控、摄影档案、视频档案以及大规模电子商务实践等。图 6.2 所示的是大数据来源。传统的数据源，即主要作为业务交易的一部分生成的数据，是第一层，其中数据的数量、多样性和速度（指生成速度和处理速度）中等偏低。第二层是互联网和社交媒体产生的数据。这种人工生成的数据对于理解人们的集体想法和感受可能是最复杂也最有价值的。这一层数据源中数据的数量、多样性和速度都为中等偏高。最上层数据源是机器生成的数据。随着很多前端和物联网（将所有事物相互连接）数据采集系统的自动化，组织如今能够以前几年无法想象的速度和丰富度采集数据。这些数据源生成了丰富的信息。如果这些信息能够被正确地识别和利用，那么就可以显著提高组织解决复杂问题和利用机会的能力。

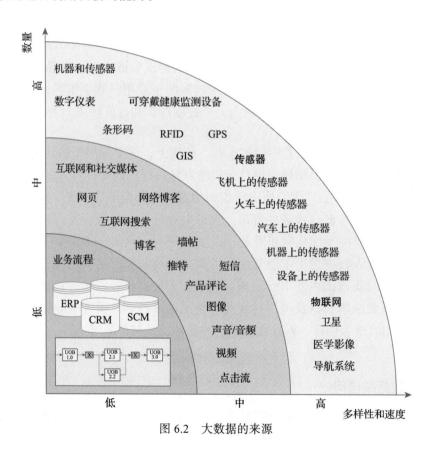

图 6.2　大数据的来源

　　大数据并不新鲜。新的是大数据不断变化的定义和结构。自 20 世纪 90 年代初数据仓库出现以来，公司一直在存储和分析大量数据。虽然 TB 曾经是大数据仓库的同义词，但是现在这一同义词已经变成了 PB。随着组织为了更好地理解客户行为和业务驱动因素而想要存储和分析更高层次的交易细节以及网络和机器生成的数据，数据量的增长速度持续加快。很多学者、行业分析师和领导者都认为使用"大数据"一词并不妥当。它所说的和它想表达的意思并不完全相同。也就是说，大数据并不仅仅是"大"。

　　巨大的数据量只是大数据的诸多特征之一，其他特征还包括多样性、速度、真实性、可变性和价值主张。

6.1.2　定义大数据的 V

　　大数据通常由三个 V——数量（Volume）、多样性（Variety）和速度（Velocity）——定义。除了这三个 V 之外，我们还看到一些领先的大数据解决方案提供商增加了其他 V，如 IBM 的真实性（Veracity）、SAS 的可变性（Variability）和价值主张。

1. 数量

　　数量显然是大数据最常见的特征。很多因素都会使数据量呈指数级增长，如多年来存储的基于交易的数据、持续从社交媒体流入的文本数据、不断增长的传感器数据、RFID 和 GPS 自动生成的数据，等等。过去，太多数据会引发存储问题。但是随着先进技术的出现和存储成本的降低，这些问题都变得不再重要。相反，如何在大量数据中确定相关数据以及如何从被认为相关的数据中创造价值等其他问题又出现了。

　　如前所述，"大"是一个相对的词。它随着时间的推移而变化，不同组织对其有不同的看法。随着数据量的惊人增长，大数据数据量量级命名也充满了挑战。数据的最大单位曾经是拍字节（PB），但是现在是泽字节（ZB）。随着数据量的增长，为新的数据量级给出能够被普遍接受的命名对社区而言变得很难。表 6.1 所示的是现代数据量量级的大小和名称。

表 6.1 为不断增加的数据量量级命名

名称	符号	值
千字节（Kilobyte）	kB	10^3
兆字节（Megabyte）	MB	10^6
吉字节（Gigabyte）	GB	10^9
太字节（Terabyte）	TB	10^{12}
拍字节（Petabyte）	PB	10^{15}
艾字节（Exabyte）	EB	10^{18}
泽字节（Zettabyte）	ZB	10^{21}
尧字节（Yottabyte）	YB	10^{24}
波字节（Brontobyte）	BB	10^{27}
吉高字节（Gegobyte）	GeB	10^{30}

2. 多样性

如今的数据有多种格式，包括从传统的数据库到由最终用户和 OLAP 系统创建的分层数据存储，到文本文档、电子邮件、XML、仪表数据、传感器数据，再到视频、音频和股票行情数据。据估计，所有组织的数据中有 80% ~ 85% 是非结构化或半结构化的（即不适合传统的数据库模式）。但是不能否认这些数据的价值，因此它们也必须包含在分析中以支持决策。

3. 速度

据高德纳称，速度既指数据生成的速度，也指为满足需求，必须以多快的速度处理（即采集、存储和分析）数据。RFID 标签、自动传感器、GPS 设备和智能仪表正在使得人们越来越需要实时处理海量数据。速度可能是大数据最容易被忽视的特征。对大多数组织来说，快速反应以应对速度问题是一项挑战。在对时间敏感的环境中，数据的机会成本时钟从数据创建的那一刻就开始计时了。随着时间的推移，数据的价值主张会下降，最终变得毫无价值。无论主题是患者的健康状况、交通系统的健康状况还是投资组合的健康状况，访问数据和对环境做出更快的反应总是会产生更有利的结果。

在如今的大数据风暴中，几乎每个人都专注于静态分析，即使用优化的软件和硬件系统来挖掘大量不同的数据源。虽然这非常重要且非常有价值，但是另一类经常被忽视的分析是由大数据的速度特征驱动的。这类分析被称为**数据流分析**（Data Stream Analytics）或者**动态分析**（In-Motion Analytics）。如果操作得当，那么数据流分析就可能和静态分析一样有价值，而且在某些商业环境中比静态分析更有价值。稍后，我们将更详细地介绍这个主题。

4. 真实性

真实性是 IBM 用来描述大数据的第四个 "V"。真实性是指符合事实，即数据的准确性、质量、真实性或可信度。通常使用工具和技术将数据转换为真实的洞见，以处理大数据的真实性。

5. 可变性

除了不断增加的速度和多样性之外，数据流还可能高度不一致而且具有周期性峰值。社交媒体上有什么热门事件吗？或许即将有一场备受瞩目的 IPO。或许在巴哈马和猪一起游泳突然成了必须参加的假期活动。日常的、季节性的和事件触发的峰值数据负载可能很难管理，特别是在涉及社交媒体的情况下。

6. 价值主张

大数据令人兴奋的地方在于其价值主张。一个先入为主的概念是它包含比小数据更多的模式和有趣的异常。因此，通过分析包含丰富特征的大型数据，组织可以获得通过其他方式无法获得的商业价值。虽然用户可以通过简单的统计和机器学习方法或者临时查询和报告工具发现小数据集中的模式，但是大数据意味着 "大" 分析。大分析意味着更深入的洞见和更好的决策。

因为大数据的确切定义仍然是学术界和工业界一直在讨论的问题，所以未来很可能会有更多的特征。不管发生什么，大数据的重要性和价值主张都将继续存在。

6.1.3　大数据的基本概念

无论数据的大小、类型或速度如何，大数据本身都毫无价值，除非商业用户能够使用它为组织创造价值。这就是 "大" 分析的用武之地。虽然组织长期以来都在数据仓库之上运行报表和仪表板，但是很多组织还没有开放这些存储库以进行深入和按需探索。出现这种情况的一部分原因是分析工具对普通用户来说太复杂了，另一部分原因是存储库中通常没有包含能够满足用户的所有数据。由于新的大数据分析范式的出现，这种情况已经开始发生戏剧性的变化。

除了价值主张，大数据还给组织带来了巨大的挑战。传统的数据采集、存储和分析手段无法有效、高效地处理大数据。因此，我们需要开发新技术来应对大数据的挑战。在进行这类投资之前，组织应该证明这些手段的合理性。与其他大型信息系统投资一样，大数据分析能否成功取决于很多因素。图 6.3 给出了大数据分析的关键成功因素（Watson，2012）。

图 6.3 大数据分析的关键成功因素

以下是大数据分析成功因素中部分关键因素：

❑ **明确的业务需求（与愿景和战略保持一致）**。商业投资应该是为了商业利益，而不是仅仅为了技术进步。因此，大数据分析的主要驱动力应当是业务需求，无论是战略层面、战术层面还是运营层面的。

- **强有力而坚定的支持（即高管支持者）**。众所周知，如果没有强有力而坚定的高管支持，就很难成功。如果是一个或者多个分析应用，那么支持可以是部门级的。但是，如果目标是企业范围内的组织转型（大数据项目通常就是这种情况），那么就需要最高级别的支持，而且是在整个组织的范围内。
- **业务战略和 IT 战略一致**。必须确保分析工作始终支持业务战略，而不是战略支持分析。分析应当在业务战略的执行中发挥促进作用。
- **基于事实的决策文化**。在基于事实的决策文化中，决策是由数字而不是直觉、第六感或假设驱动的。还有一种实验文化，通过实验可以验证什么有效、什么无效。
- **强大的数据基础设施**。数据仓库为分析提供了数据基础设施。在大数据时代，这一基础设施正在被新技术不断改变和增强。要想取得成功，就需要把新、旧基础设施整合起来，以形成协同工作的整体基础设施。

随着数据规模和复杂性的增加，对高效分析系统的需求也在增加。为了适应大数据的计算需求，人们正在开发一些新的计算技术和平台。这些技术统称为高性能计算，它包括以下内容：

- **内存分析**。在内存和分布在一组专用节点上处理分析型计算和大数据，以高度准确的洞见接近实时地解决复杂问题。
- **数据库内分析**。通过在数据库内执行数据集成和分析功能来加快获得洞见的速度并实现更好的数据治理，无须重复移动或转换数据。
- **网格计算**。通过在共享、集中管理的 IT 资源池中处理作业来提高效率，降低成本并提高性能。
- **设备**。将硬件和软件整合到一个物理单元中，这样不仅速度快，而且可以按需扩展。

计算需求只是大数据给当今企业带来的诸多挑战中的一小部分。以下是企业高管发现的对成功实施大数据分析具有重大影响的一系列挑战。在考虑大数据项目和架构时，关注这些挑战可以使获得分析能力的过程压力更小：

- **数据数量**。能够以可接受的速度获取、存储和处理大量数据，从而让决策者在需要时可以获得最新信息非常重要。

- **数据集成**。能够以合理的成本快速合并结构不相似或者来源不同的数据非常重要。

- **处理能力**。在获取数据的同时能够快速处理数据。传统的先收集数据再进行处理的方法可能行不通。在很多情况下，需要在获取数据之后尽快进行分析，以最大限度地利用数据的价值。这个过程称为流分析。

- **数据治理**。能够应对大数据的安全、隐私、所有权和质量问题很重要。随着数据数量、多样性（格式和来源）以及速度的变化，治理实践的能力也应当相应改变。

- **技能可用性**。大数据正在为新的工具所利用，并以不同的方式被看待。但是，目前还缺少具备完成这一工作技能的人员（通常称为数据科学家，本章后面将讨论这一主题）。

- **解决方案成本**。因为大数据开辟了可能改进业务的世界，所以有大量的实验和发现正在进行，以确定重要的模式和能够转化为价值的洞见。因此，为了确保大数据项目获得正的投资回报率，降低发现价值的解决方案的成本至关重要。

虽然挑战是真实的，但是大数据分析的价值主张也是真实的。商业分析领导者所能做的任何帮助证明新数据源商业价值的事情都将使组织从试验和探索大数据转为适应和接受大数据作为差异化因素。探索并没有错，但是最终大数据的价值是将洞见付诸行动。

6.1.4 大数据技术

有很多技术可以处理和分析大数据。这些技术中的大多数都利用商用硬件实现横向扩展和并行处理；采用非关系型数据存储能力来处理非结构化和半结构化数据；将先进的分析和数据可视化技术应用于大数据以便向最终用户传递洞见。大多数人认为，MapReduce、Hadoop 和 NoSQL 是三种将改变商业分析和数据管理市场的大数据技术。

1. MapReduce

MapReduce 是由 Google 推广的一项技术。它将大型多结构数据文件的处理分发到一个大型计算机集群中。高性能是通过将处理分解为小的工作单元来实现的，这些工作单元可以在集群中的数百个甚至数千个节点上并行运行。以下内容引自一篇关于 MapReduce 的开创性论文：

"MapReduce 是一种处理和生成大型数据集的编程模型及相关实现。用这种函数风格编写的程序能够自动被并行化以在大型商用计算机集群上执行。这使得没有任何并行和分布式系统经验的程序员可以轻松地利用大型分布式系统的资源"（Dean & Ghemawat，2004）。在这句话中，需要注意的关键点是 MapReduce 是一种编程模型，而不是一种编程语言。也就是说，它是为程序员而非商业用户设计的。

2. Hadoop

Hadoop 是一个处理、存储和分析大量分布式非结构化数据的开源框架。Hadoop 最初由雅虎的 Doug Cutting 创建。Hadoop 的灵感来源于 MapReduce。MapReduce 是 Google 在 21 世纪初开发的、用于索引 Web 的用户定义函数。Hadoop 被设计用于处理并行分布在多个节点上的拍字节和艾字节级数据。Hadoop 集群运行在廉价的商用硬件上，因此项目可以扩展而不至于破产。Hadoop 现在是 Apache 软件基金会的项目，在那里数以百计的贡献者在不断改进着核心技术。Hadoop 不是用一台机器处理巨大的数据块，而是将大数据拆分成多个部分，以便所有部分可以同时处理和分析。

3. NoSQL

一种称为 NoSQL（Not only SQL）的新型数据库已经出现。它同 Hadoop 一样，能够处理大量多结构化数据。但是 Hadoop 擅长支持大规模、批量式的历史分析，而 NoSQL 数据库的主要目标是为最终用户和自动化大数据应用的大量多结构化数据提供离散数据存储。关系型数据库技术严重缺乏这种能力，它无法在大数据规模上维持所需的应用性能水平。

6.1.5　数据科学家

数据科学家的角色经常与大数据或者数据科学相关。在很短的时间内，它已经成为市场上最抢手的角色之一。在 2012 年《哈佛商业评论》发表的一篇文章中，作者 Thomas H. Davenport 和 D. J. Patil 称数据科学家是"21 世纪最性感的工作者"。他们认为，数据科学家最基础、最普遍的技能是使用最新的大数据语言和平台编写代码的能力。尽管在不久的将来，当更多人的名片上都有"数据科学家"的头衔的时候，这可能不再正确。但是在现在这个时候，它似乎是数据科学家最基本的技能要求。数据科学家所需的一项更持久的技能是用所有利益相关者都能够理解的语言进行交流，并用数据讲故事，无论是口头上的、视觉上的，还是二者兼有的（Davenport & Patil，2012）。

数据科学家需要同时使用业务技能和技术技能来**研究**大数据，寻找改进当前商业分析实践的方法并改进有关新的商业机会的决策。数据科学家与商业分析师等商务智能用户之间最大的区别是数据科学家研究和寻找新的可能性，而商务智能用户则分析现有的业务情况和运营情况。

数据科学家的主要特征之一是有强烈的好奇心，即他应该能深入问题的表面之下，找到问题的核心，并将它们提炼成一组非常清晰的、可以被检验的假设。这通常需要联想思维，而这正是所有领域中最具创造力的科学家的特征。例如，研究欺诈问题的数据科学家意识到欺诈检测问题类似于一种 DNA 测序问题（Davenport & Patil，2012）。通过将这些不同领域的知识结合在一起，他和他的团队能够设计出可以显著减少欺诈损失的解决方案。

由于数据科学家所属的领域尚处于定义阶段，而且其中的很多实践仍处于实验阶段且距离标准化还很远，因此企业对数据科学家的经验维度非常敏感。随着专业的成熟和实践的标准化，经验在数据科学家的定义中将不再是问题。公司当前正在寻找在处理复杂数据方面拥有丰富经验的人。它们很幸运地招聘到了拥有物理学或者社会科学教育和工作背景的人。有些优秀、聪明的数据科学家拥有生态学和系统生物学等深奥领域的博士学位（Davenport & Patil，2012）。虽然人们对于数据科学家从何而来还没有形成共识，但是对于他们应当具备的技能和素质已经有了共同的理解。图 6.4 所示的是数据科学家的技能的示意图。

数据科学家不仅需要具备创造力、好奇心、沟通和人际交往能力，以及领域专业知识、问题定义和决策建模等软技能，还需要具备良好的数据操作（访问和管理），编程、脚本编写黑客以及互联网和社交媒体或网络处理等技术。

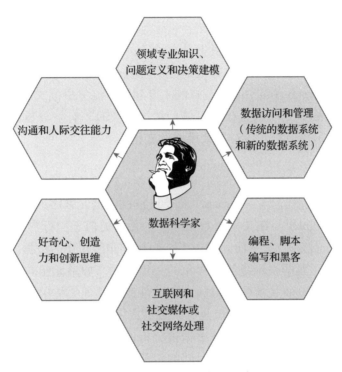

图 6.4　数据科学家的技能的示意图

6.1.6　大数据和流分析

正如在本章前面所看到的，除了数量和多样性之外，另一个定义大数据的关键特征是速度。速度是指数据创建和流入分析环境的速度。组织正在寻找新的方法来处理流数据，以便对问题做出快速、准确的反应，并获得取悦客户和获取竞争优势的机会。在数据流快速且持续流入的情况下，将传统分析方法应用于之前积累的数据（即静止的数据），往往会做出错误的决策，因为这样的决策中使用了太多脱离上下文的数据；或者虽然做出了正确的决策，但是因为为时已晚，所以导致这些决策对组织毫无用处。因此，对于很多业务情况来说，在数据创建后不久或者数据流入分析系统后立刻进行分析是至关重要的。

如今，绝大多数当代企业都假设所记录的每一条数据都很重要，因为其中可能包含在不久的将来的某个时候有价值的信息。然而，随着数据源数量的增加，"存储一切"的方法变得越来越困难，而且在某些情况下甚至是不可行的。事实上，虽然技术在进步，但是目前的总存储容量远远落后于世界上正在产生的数字信息量。此外，在不断变化的业务环境中，在给定的短时间窗口内检测数据中有意义的变化和复杂的模式变化对于更好地适应新环境是非常重要的。这些情况是我们所说的**流分析**（Stream Analytics）范式的主要起因。流分析范式的诞生是为了应对这些挑战，该挑战即无法永久存储以便后续进行及时、有效分析的无限数据流以及需要在发生时尽快检测并应对复杂模式的变化。

流分析（又称动态数据分析和实时数据分析）通常是指从连续的流数据中提取可操作信息的分析过程。流（Stream）是指连续的数据元素序列，其中的数据元素通常称为元组（Tuple）。在关系型数据库中，元组类似于一行数据（如一条记录、一个对象或者一个实例）。然而，对于半结构化或非结构化的数据而言，元组是数据包的抽象表示，数据表示指给定对象的一组属性。如果元组本身不能提供足够多的信息用于分析，而且需要元组间的相关性或者其他集体关系，那么就使用包含一组元组的数据窗口。数据窗口是有限数量或序列的元组。当有新数据可用时，窗口就会不断更新。窗口的大小是根据被分析的系统来确定的。流分析变得越来越流行的原因主要有两个，即行动时间的价值在减少，以及我们拥有在数据创建时采集和处理它们的技术。

在能源行业中，人们已经开发出了一些重要的流分析应用，特别是对于智能电网（电力供应链）系统而言。新的智能电网不仅能够实时创建和处理多个数据流，以便通过确定最佳电力分配来满足真正的客户需求；而且还可以做出准确的短期预测，以满足意外需求和适应可再生能源发电高峰。图6.5所示的是能源行业中的流分析用例（一个典型的智能电网应用）。这个用例的目标是使用来自智能电表、生产系统传感器和气象模型的流数据，实时、准确地预测电力需求和生产。预测近期的消耗或生产趋势以及实时检测异常可以优化供给决策，从而通过调整智能电表来调节消费并做出合适的能源定价。

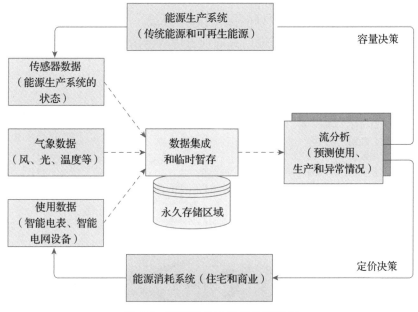

图 6.5　能源行业中的流分析用例

应用案例：政治竞选中的大数据

政治领域是大数据和分析有望产生重大影响的应用领域之一。近年来，总统选举的经验表明，大数据和分析在激励数百万志愿者为竞选活动筹集资金（以数亿美元计）和以最佳方式组织并动员潜在选民大量投票等方面能够发挥巨大作用。显然，2008 年和 2012 年的总统选举中，候选者创造性地使用大数据和分析来提高获胜概率，从而在政治舞台上留下了印记。图 6.6 说明了将各种数据转换为赢得选举的要素的分析过程。

如图 6.6 所示，数据是信息的来源。数据越丰富、越深入，洞见就越好、与主题越相关。大数据的主要特征，即数量、多样性和速度（三个 V），很容易应用于政治竞选数据。除了结构化数据（先前活动的详细记录、人口普查数据、市场研究和民意调查数据）之外，大量真实的社交媒体数据和社交网络数据可以让相关人员更了解选民，获得更加深入的有关如何推动和改变它们的洞见。通常，个人的搜索和浏览历史会被采集并提供给客户（政治分析师）。他们可以使用这些数据来获得更好的洞见和行为目标。如果处理得当，那么数据和分析可以比以往任何时候都能为更好地管理政治活动提供宝贵信息。

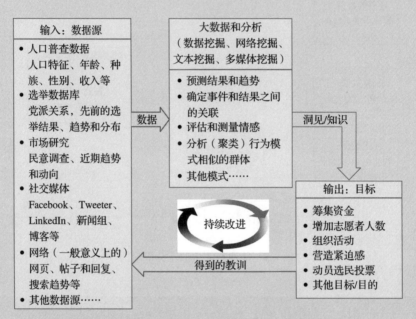

图 6.6　将大数据和分析用于政治竞选活动

资料来源：汇编自文献（Shen, 2013; Romano, 2012; Scherer, 2012; Issenberg, 2012; Samuelson, 2013）。

6.2　深度学习

　　人工智能正在重新进入计算领域、商业世界和我们的日常生活。这一次，它比以往任何时候都更强大、更有希望。这种前所未有的重新出现和新的期望水平在很大程度上可以归因于人工智能最新的发展，即深度学习和认知计算。这两个词定义了当今人工智能和机器学习的前沿研究。从传统的人工神经网络进化而来的深度学习正在从根本上改变机器学习的工作方式。由于大量数据的收集和计算资源的改进，深度学习正在对计算机如何使用自提取的数据特征（而不是由数据科学家向学习算法提供特征向量）发现复杂模式产生深远的影响。认知计算最初因 IBM Watson 在智力竞赛节目《危险边缘！》中击败最佳的人类选手而流行开来。它使处理某类新问题成为可能。这类问题被认为只有人类的聪明才智和创造力才能解决，其特点是模糊且不确定。本章将介绍这两项前沿人工智能技术的概念、方法和应用。

应用案例：用深度学习打击欺诈

减少欺诈行为是银行的首要任务。根据注册欺诈检查师协会（Association of Certified Fraud Examiners）的数据，企业每年因欺诈而遭受的损失超过 3.5 万亿美元。这个问题在整个金融行业都很普遍，而且每月都在变得更加普遍和复杂。随着客户通过更广泛的渠道和设备办理更多的网上银行业务，欺诈途径也更多。雪上加霜的是，欺诈者正变得越来越老练，他们的技术也越来越精湛，他们也在使用机器学习等先进技术。欺诈银行的方案也正在迅速演化。

使用人编写的规则引擎等旧的欺诈识别方法只能获取很小一部分欺诈案件，而且还会产生大量假阳性（false positives）结果，即误报。虽然假阴性（false negatives）结果会让银行损失钱财，但是追求大量假阳性结果不仅会浪费时间和金钱，而且还会损害客户的信任和满意度。为了改进概率预测并在减少假警报的同时识别出更高比例的真实欺诈案件，银行需要新的分析形式。这其中就包括使用人工智能进行的分析。

丹克斯银行（Dankse Bank）把深度学习与图形处理器（Graphics Processing Unit，GPU）设备集成在一起，其中 GPU 设备针对深度学习进行了优化。新的软件系统帮助分析团队识别潜在的欺诈案件，同时明智地避免误报。然而，在某些情况下，人为干预仍然是必要的。例如，模型可以识别诸如发生在世界各地的借记卡购买异常，但是分析师需要确定这是欺诈还是银行客户正常的线上购物活动（即他首先向中国账户付款，然后在第二天从伦敦的零售商购买了一件物品）。

基于深度学习的欺诈检测系统的结果令人印象深刻。这家银行将误报率减少了 60%，预计这一减少幅度将高达 80%，而真阳率则增加了 50%。这使银行可以将其资源集中在真实的欺诈案件处理上。

6.2.1 深度学习简介

在大约十年以前，除了在科幻电影中可以看到之外，（用人类语言）与电子设备（智能地）对话是不可想象的。然而，当前人工智能方法和技术的进步使得几乎每个人都体验过这种不可思议的现象。你可能会在开车时要求 Siri 或者 Google 助手拨打电话通信录中的某个号码或者查找某个地址并提供具体路线。当你在下午感到无聊时，你可能会要求 Google Home 或 Amazon Alexa 在设备或电视上播放一些你最喜欢的音乐。当你在 Facebook 上传一张与朋友的合影并观察到其中的标记建议时，你可能会感到惊讶，因为名字标签往往与照片中朋友的脸完全匹配。翻译外语手稿不需要花好几个小时查字典，只需要在手机应用谷歌翻译中拍一张手稿的照片，不到一秒就可以翻译出来。这些只是深度学习众多不断增长的应用中的一小部分。这些应用可以让人们的生活更轻松。

作为人工智能和机器学习家族的最新成员，也许是目前最受欢迎的成员，深度学习的目标与先前其他机器学习方法的目标相似：模拟人的思维过程，以几乎与人相同的学习方式使用数学算法从数据中学习。那么，深度学习中真正的不同之处和更先进的地方是什么呢？这是深度学习与传统机器学习最显著的区别。决策树、支持向量机、逻辑回归和神经网络等传统机器学习算法的性能在很大程度上依赖于数据的表示。也就是说，只有当我们这些分析专业人员或数据科学家以适当的格式为传统机器学习算法提供足够的相关信息（即特征）时，它们才能够"学习"模式进而以可接受的准确度执行预测（分类或估计）、聚类或者关联任务。换言之，这些算法需要人工识别和获取与手头问题在理论上或逻辑上相关的特征，并以适当的格式将这些特征输入算法。例如，为了使用决策树预测给定用户是否会回来（或者流失），营销经理需要向算法提供客户的社会经济特征信息（收入、职业和教育水平等）以及人口统计信息和与公司的历史交易数据。但是，算法本身无法定义并从客户填写或者从社交媒体获得的调查问卷中提取这些社会经济特征。

虽然这种结构化的、以人为中介的机器学习方法能够很好地完成非常抽象且形式化的任务，但是要将其应用于人脸识别或语音识别等看似简单的非形式化任务就极富挑战，因为处理这类任务需要大量有关现实世界的知识（Goodfellow et al., 2016）。例如，仅仅依靠人工提供的语法或者语音特征训练能够准确识别人所说句子的准确含义的机器学习算法并非易事。完成这样的任务需要对现实世界有"深入"的认识，而这些认识并不容易形式化和显式表示。实际上，深度学习为经典机器学习方法增加的正是自动获取完成这类非正式任务所需的知识并提取有助于提高系统性能的高级特征的能力。

要深入了解深度学习，重要的是了解它在所有其他人工智能中所处的位置。我们可以通过一个简单的层次关系图来从整体上理解这一点。为此，Goodfellow 等人认为深度学习是一种表示学习方法（Goodfellow et al., 2016）。表示学习方法是机器学习（也是人工智能的一部分）的一种类型，其重点在于学习和发现系统特征以及发现从这些特征到输出或目标的映射关系。图 6.7 使用维恩图说明了深度学习在基于人工智能的学习方法中所处的位置。

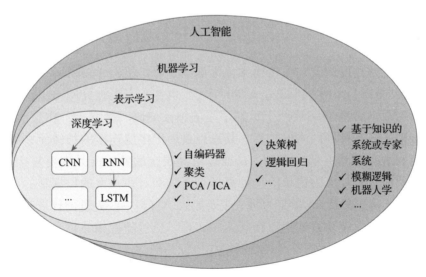

图 6.7 深度学习在基于人工智能的学习方法中所处位置的维恩图

图 6.8 突出了构建深度学习模型时需要执行的步骤与使用经典机器学习算法构建模型时需要执行的步骤之间的差异。如上面两个工作流所示，基于知识的系统

和经典的机器学习方法都需要数据科学家手动创建特征（即表示）来实现所需的输出。下面的工作流表明，深度学习使计算机能够从简单的概念中推导出一些复杂的特征，而这些特征本来是需要人工发现的（甚至在某些问题情况下人工也可能无法发现）。然后，这些高级特征将被映射到对应的输出。

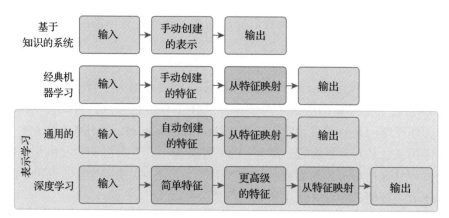

图 6.8　经典机器学习方法和表示学习（深度学习）之间的主要差异（下方最大的方框表示能够直接从数据中学习的组件）

　　从方法论的角度来看，虽然通常认为深度学习是机器学习的一个新领域，但是其最初的想法可以追溯到 20 世纪 80 年代，也就是人工神经网络出现之后的几十年。当时反向传播网络被用于识别手写的邮政编码。事实上，在当前实践中，深度学习似乎只是神经网络的扩展，其思想是使用多层连接的神经元和更大的数据集来自动表征变量并解决问题，从而以更高层次的熟练度处理更复杂的任务，但是这需要以大量计算为代价。这种高计算要求和对非常大的数据集的需求是使最初的想法不得不等待 20 多年的两个主要原因。直到一些先进的计算和技术基础设施出现以后，深度学习才得以在现实中实现。虽然随着相关技术的进步，神经网络的规模在过去 10 年中有了显著的增长。但是据估计，要想拥有与人脑中的神经元数量和复杂程度相当的人工深度神经网络还需要几十年的时间。

　　除了前面提到的计算机基础设施之外，特征丰富的大型数字化数据集的可用性是近年来成功开发深度学习应用的另一个关键因素。利用深度学习算法获得良好的性能曾经是一项非常困难的任务，因为这需要大量有关设计特定于任务的网络的技能和经验。因此，并没有多少人能够开发用于实际和研究的深度学习应用。然而，大型训练数据集极大地弥补了个人知识的不足，降低了实现深度神经网络所需的技能水平。尽管如此，虽然近年来可用数据集的规模呈指数级增长，但是对这些庞大数据集中的案例进行标记的任务是一个巨大的挑战，特别是对深度网络的监督学习来说。因此，有大量研究正聚焦于如何利用大量未标记的数据进行半监督或无监督学习，或者如何开发在合理的时间内批量标记案例的方法。

6.2.2 深度神经网络

在深度学习出现之前，大多数神经网络应用涉及的都是只有几个隐藏层且每层中只有少数神经元的神经网络架构。即使在相对复杂的神经网络商业应用中，网络中的神经元数量也很难以千计。事实上，当时计算机的处理能力有限，以至于 CPU 无法在合理的时间内运行超过两层的网络。近年来，GPU 和相关编程语言的发展使得人们能够将它们用于数据分析，从而催生了更高级的神经网络应用。GPU 技术使我们能够成功地运行包含一百多万个神经元的神经网络。这些更大的网络能够更加深入地研究数据的特征，能够提取更为复杂的模式，而这在之前是无法检测到的。

虽然深度网络可以处理非常多的输入变量，但是也需要相对较大的数据集才能够进行令人满意的训练。使用小数据集训练深度网络通常会导致模型与训练数据过度拟合，而且在将模型应用于外部数据集时会得到不好且不可靠的结果。得益于基于互联网和物联网的数据采集工具和技术，现在很多领域中都有更大的数据集可以用于更深的神经网络训练。

常规人工神经网络的输入通常是大小为 $R \times 1$ 的数组，其中 R 表示输入变量的数量。然而，在深度网络中，我们可以使用张量（即 N 维数组）作为输入。例如，在图像识别网络中，每个输入都可以用矩阵表示，矩阵中的元素表示图像像素的颜色编码。出于视频处理的目的，每个视频都可以使用几个矩阵来表示，其中每个矩阵表示视频中的一幅图像。换言之，张量使我们能够在分析数据集中包含更多维度（如时间、位置）。

除了这些一般性的差异之外，不同类型的深度网络都涉及对标准神经网络架构的修改，这些修改使其具备处理特定数据类型的能力。

6.2.3 卷积神经网络

卷积神经网络（Convolutional Neural Network，CNN）是最流行的深度学习方法之一。卷积神经网络基本上是深度前馈多层感知器架构的变体。它最初被设计用于计算机视觉应用（如图像处理、视频处理、文本识别），同时也适用于非图像数据集。

卷积网络的主要特征是至少有一层包含卷积加权函数（而不是一般的矩阵乘法）。**卷积**是一种线性运算，其主要目的是从复杂的数据模式中提取简单的模式。例如，在处理包含多个对象和多种颜色的图像时，卷积函数可以提取简单特征，如图像不同部分中的水平线、垂直线或者边缘等。稍后我们将详细讨论卷积函数。

卷积神经网络中包含卷积函数的层称为卷积层。卷积层之后通常是池化层或子采样层。池化层负责将大的张量合并为更小的张量。它们在减少模型参数数量的同时保留了重要的模型特征。下面的部分将讨论不同类型的池化层。

使用卷积网络的图像处理

一般来说，深度学习的实际应用，特别是卷积神经网络的实际应用高度依赖于大型标注数据集的可用性。从理论上讲，卷积神经网络可以应用于很多实际问题。有很多包含丰富特征的大型数据库可以用于这类应用。然而，在监督学习应用中，最大的挑战是我们需要一个已经标注的数据集来训练模型，然后才能使用这个模型来预测或者识别其他未知情况。虽然使用卷积神经网络层提取数据集的特征是一项非监督任务，但是如果没有可以用于以监督学习方式开发分类网络的标记过的案例，那么提取的特征将没有多大用处。这就是传统上图像分类网络通常涉及视觉特征提取和图像分类这两个流水线的原因。

ImageNet（http://www.image-net.org）是一个正在进行的研究项目。它为研究人员提供了一个大型图像数据库，其中，每个图像都链接到 WordNet 中的一组同义词或同义词集，WordNet 是一个单词层次数据库。每个同义词集表示 WordNet 中的一个特定概念。目前，WordNet 包含超过 100 000 个同义词集，每个同义词集在 ImageNet 中平均要使用 1000 幅图像来说明。当前，ImageNet 是一个用于开发图像处理型深度网络的独特数据库，其中包含了 22 000 个类别的超过 1500 万幅标记后的图像。因此，ImageNet 是使用最广泛的评估深度学习研究人员设计的深度网络的效率和准确度的基准数据集。

AlexNet（Krizhevsky et al., 2012）是首先使用 ImageNet 数据集设计的用于图像分类的卷积网络之一。它包含五个卷积层，后跟三个全连接（Fully Connected）层。有关 AlexNet 的示意图，请参见图 6.9。在这个相对简单的架构中，使其训练非常快速且高效的贡献之一是在卷积层中使用了整流线性单元（Rectified Linear Unit，ReLu）传递函数，而不是传统的 sigmoid 函数。通过这一贡献，设计师解决了**梯度消失问题**（Vanishing Gradient Problem）。之所以产生这个问题，是因为在图像的某些区域中，sigmoid 函数有极小导数。在提高深度网络的效率方面，这个网络的另一个重要贡献是将退出（dropout）层的概念引入卷积神经网络，以减少过拟合。"退出层"通常出现在全连接层之后。它通过对神经元应用随机概率来关闭其中一些神经元，从而使网络更稀疏。

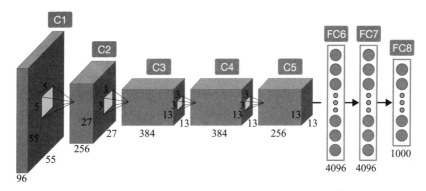

图 6.9　用于图像分类的卷积网络 AlexNet 的架构

从图像识别到人脸识别

虽然看起来与图像识别相似，但是人脸识别是一项复杂得多的任务。在人脸识别中，目标是识别个体而不是它所属的类别（人）。这种识别需要在非静态（人在移动）三维环境中进行。几十年来，人脸识别一直是人工智能中一个活跃的研究领域，直到最近才取得了一定的成功。新一代算法以及大数据集和计算能力使得人脸识别技术开始对现实世界的应用产生重大影响。从安全到营销，人脸识别的应用正在以惊人的速度增长。

人脸识别的一些主要例子（在技术进步和技术观点的创造性使用这两个方面）都来自中国。在中国，无论是从商业上还是从应用开发上，人脸识别都是一个热门话题。人脸识别已经成为一个硕果累累的生态系统，在中国有数百家初创企业。在个人和商业环境中，人们正在广泛使用和依赖基于面部自动识别的安全设备。

作为可能是当今世界上最大规模的深度学习和人脸识别实际应用案例，中国政府最近开始了一项旨在建立基于人脸识别的全国监控系统（"天眼"）的巨大工作。这个项目计划将公共场所的监控摄像头和建筑物上的私人摄像头集成起来，利用人工智能和深度学习分析视频。凭借数百万个摄像头和数十亿行代码，中国正在构建高科技的未来。有了这个系统，摄像头可以扫描火车、公交车站和机场，方便识别和抓住头号通缉犯。广告牌大小的显示屏可以显示横穿马路的行人的脸，识别出不偿还债务的人的名字和照片。人脸识别扫描仪守卫着住宅小区的入口。

这种监控系统的一个有趣例子是"羞耻游戏"（Mozur，2018）。襄阳市长虹大桥以南的十字路口曾经是一场噩梦。汽车开得飞快，乱穿马路的人突然冲到街上。然后，去年夏天，警方安装了与人脸识别技术相连接的摄像头和大型户外屏幕。违法者的照片以及他们的姓名和身份证号都会被显示出来。人们一开始很高兴看到自己的脸出现在公告牌上，直到宣传机构告诉他们这是一种惩罚。这样一来，市民不仅成了这个羞辱游戏的对象，而且还被分配了负的市民积分。但是，从积极的一面来看，如果市民在摄像头前表现出良好的行为，如捡起路上的垃圾并将其放入垃圾桶或帮助老人穿过十字路口，那么他们将获得正的市民积分。根据这些积分，市民可以获得各种小奖励。

据估计，中国已经拥有 2 亿个监控摄像头，是美国的 4 倍。这些系统主要用于跟踪嫌疑人、发现可疑行为和预测犯罪。但是，它与医疗记录、旅行预订、在线购物甚至社交媒体活动的巨大数据库相结合，几乎可以监控每个人

（Denyer，2018）。例如，要想找到罪犯，可以将图像上传到系统，与从全国各地的主动安全摄像头视频中识别出的数百万张面孔进行匹配。除了狭义的安全目的之外，政府希望使用"天眼"最终为每个人分配一个"社会信用评分"，以显示人们在多大程度上是值得信任的。

　　尽管深度学习的这种应用在很多人看来是不可接受的，但是在一些地方，这正在成为一种普遍做法。有些西方国家也开始出于安全和预防犯罪目的在有限的范围内使用类似的技术。例如，联邦调查局的下一代识别系统就是人脸识别和深度学习的应用。它将犯罪现场的图像与全国面部照片数据库进行比较，以识别潜在的嫌疑人。

资料来源：文献（Mozur，2018；Denyer，2018）。

6.2.4　循环网络和长短时记忆网络

　　人的思维和理解在很大程度上依赖于语境。例如，了解某个演讲者使用非常讽刺的语言对完全理解他的笑话至关重要。这对要理解句子" It is not a nice Fall"中单词 fall 的含义是秋天还是崩溃也至关重要。如果不知道句子中的其他单词，就无法理解。背景知识通常是基于观察过去发生的事件而形成的。事实上，人的思想是持久的。我们在分析事件的过程中会使用之前获得的每一条关于它的信息。

　　虽然深度前馈多层感知器和卷积网络专门用于处理图像或词嵌入矩阵等静态值网格，但是有时输入值的序列对于为完成给定任务而进行的网络操作也很重要，因此应当被考虑在内。循环神经网络（Recurrent Neural Network，RNN）是另一种流行的神经网络（Rumelhart et al.，1986）。它专门用于处理顺序输入。基本上，循环神经网络模拟动态系统，其中系统在每个时间点 t 的状态（即隐藏神经元的输入）取决于当时系统的输入及其在前一个时间点 $t-1$ 的状态。换言之，循环神经网络是有记忆的，而且会使用记住的信息确定其未来输出。例如，设计下围棋的神经网络时，在训练网络时考虑之前的几步棋是很重要的。棋手走错一步就可能导致在接下来的 10 到 15 步中输掉整场比赛。此外，为了理解一篇文章中一个句子的真正含义，我们有时需要依靠前几个句子或者段落中的信息。我们需要随时间推移顺序且整体地构建上下文。因此，对于确定最佳输出而言，考虑神经网络的记忆元素至关重要。这里的神经网络顾及了前几步（在围棋的例子中）以及前几个句子和段落（在文章的例子中）。这种记忆描绘并创造了学习和理解所需的上下文。

在前馈多层感知器和卷积神经网络这类的静态网络中，我们试图找到一些函数，让这些函数将输入映射到一些尽可能接近实际目标的输出。在循环神经网络等动态网络中，输入和输出都是序列或模式。因此，动态网络是动态系统而不是函数，因为它的输入不仅取决于输入，而且还取决于先前的输出。

从技术上讲，任何具有反馈的网络实际上都可以称为深度网络。即使只有一层，反馈产生的循环也可以被认为是具有很多层的静态前馈多层感知器型网络。然而，在实践中，每个循环神经网络都会涉及数十层，每一层都有到自身甚至前几层的反馈。这使得循环神经网络更深、更复杂。由于存在反馈，循环神经网络中的梯度计算和用于静态前馈多层感知器网络的通用反向传播算法略有不同。有两种计算循环神经网络中的梯度的替代方法：实时循环学习（Real-Time Recurrent Learning，RTRL）和时间反向传播（Backpropagation Through Time，BTT）。虽然有关它们的解释不在本章的讨论范围，但是其目的是相同的。只要计算了梯度，就可以应用相同的程序来优化网络参数的学习。

长短时记忆（Long Short-Term Memory，LSTM）网络（Hochreiter & Schmidhuber，1997）是循环神经网络的变体。它是当前最有效的序列建模网络，也是很多实际应用的基础。在动态网络中，权重称为长时记忆，反馈是短时记忆。

本质上，只有短时记忆（反馈或以前的事件）才能为网络提供上下文。在典型的循环神经网络中，随着新的信息被反馈到神经网络中，短时记忆中的信息不断被替换。这就是当相关信息与所需位置之间的距离很小时，循环神经网络表现良好的原因。例如，为了预测句子"The referee blew his whistle"中的最后一个单词，我们只需要知道句子中较早的词（即 referee）就可以正确预测后面的单词。在这种情况下，因为相关信息（referee）和需要它的地方（预测 whistle）之间的距离很小，所以循环神经网络可以轻松执行这个学习和预测任务。

然而，有时执行任务所需的相关信息与需要它的地方相距甚远。因此，很可能在需要创建合适的上下文时，它已经被短时记忆中的其他信息取代了。例如，要预测" I went to a carwash yesterday. It cost $5 to wash my car"中的最后一个单词，相关信息（carwash）和需要它的地方之间存在相对较大的距离。有时，我们甚至可能需要参考前面的段落来获得预测单词真实含义的相关信息。在这种情况下，因为无法在短时记忆中将信息保存足够长的时间，所以通常 RNN 的表现不佳。所幸的是，LSTM 没有这个缺点。"长短时记忆网络"一词是指将过去发生的事情（即反馈或层的先前输出）被记住足够长时间的网络，以便在需要时可以使用它们来完成任务。

6.2.5　实现深度学习的计算机框架

在很大程度上，深度学习的进步要归功于实现深度学习所需的软件和硬件基础设施的进步。在过去的几十年中，GPU 已经发生了革命性的变化，能够支持高分辨率视频的播放以及高级的视频游戏和虚拟现实应用。然而，它们的巨大处理潜力还没有被有效地用于图形处理以外的目的，直到几年前 Theano、Caffe、PyLearn2、TensorFlow 和 MXNet 等软件库被开发出来，用于通用处理的 GPU 编程，特别是大数据的深度学习和分析。GPU 已经成为现代分析的关键推动者。这些库的运行主要依赖 NVIDIA 开发的计算统一设备架构（Compute Unified Device Architecture，CUDA）并行计算平台和应用程序编程接口（Application Programming Interface，API）。CUDA 使软件开发者能够使用 NVIDIA 制造的 GPU 进行通用处理。事实上，每个深度学习框架都包含一门高级脚本语言和一个使用 C 或者 CUDA 编写的深度学习例程库。其中，用 C 编写的深度学习例程库用于使用 CPU，用 CUDA 编写的深度学习例程库用于使用 GPU。

下面，我们将介绍 Torch、Caffe、TensorFlow 和 Theano 这四个最受深度学习研究者和实践者欢迎的软件库。

1. Torch

Torch 是一个开源科学计算框架（可从 www.torch.ch 获取），用于使用 GPU 实现机器学习算法。Torch 框架是一个基于 LuaJIT 的库，LuaJIT 是流行的 Lua 编程语言（www.lua.org）的编译版本。事实上，Torch 为 Lua 添加了很多使深度学习分析成为可能的、有价值的功能。首先，它支持 N 维数组（张量）。而通常情况下，Lua 只使用表作为数据结构化方法。其次，Torch 包括用于操作张量、线性代数、神经网络函数和优化的例程库。最后，虽然 Lua 默认使用 CPU 运行程序，但是 Torch 支持使用 GPU 运行 Lua 语言编写的程序。

LuaJIT 的简单且快速的脚本特性以及它的灵活性使得 Torch 成为一个流行的实用深度学习应用程序框架。因此，它的最新版本 Torch7 被很多深度学习领域的大公司广泛使用。Facebook、Google 和 IBM 都在其研究实验室以及商业应用程序中使用了 Torch7。

2. Caffe

Caffe 是另一个开源深度学习框架（可从 http://caffe.berkeleyvision.org 获取）。它是由加利福尼亚大学伯克利分校的博士生 Yangqing Jia 创建的（Yangqing Jia，2013）。随后，由伯克利人工智能研究院（Berkeley AI Research，BAIR）进行了进一步的开发。Caffe 可以通过命令行、Python 和 MATLAB 等多种方式作为脚本语言使用。Caffe 中的深度学习库是使用 C++ 语言编写的。

在 Caffe 中，每件事情都是使用文本文件（而不是代码）来完成的。要实现一个网络，通常需要准备两个扩展名为 .prototxt 的文本文件。它们通过 Caffe 引擎以 JSON（JavaScript Object Notation）格式进行通信。第一个文本文件称为**架构**文件。它逐层地定义了网络架构，其中，每层的定义包括名称、类型、架构中的前一层和后一层以及一些必要参数（如卷积层的内核大小和步幅）。第二个文本文件称为**求解器**文件。它指定了学习率、最大迭代次数和用于训练网络的处理单元等训练算法的属性。

虽然 Caffe 支持多种类型的深度网络架构，但是它因令人难以置信的图像文件处理速度而被称为高效的图像处理框架。据其开发人员称，Caffe 使用单个 NVIDIA K40 图形处理器每天能够处理超过 6000 万幅图像（每幅图像用时 1 毫秒）。2017 年，Facebook 发布了 Caffe 的改进版本 Caffe2（www.caffe2.ai）。Caffe2 旨在改进原始框架，以便将其有效地用于卷积神经网络之外的深度学习架构。同时，它在特别强调对执行云计算和移动计算的可移植性的同时保持了可扩展性和性能。

3. TensorFlow

TensorFlow 是另一个流行的开源深度学习框架。2011 年，谷歌的 Brain 团队用 Python 和 C++ 开发并编写了 DistBelief。2015 年，DistBelief 进一步发展成为 TensorFlow。当时，TensorFlow 是唯一的深度学习框架。它不仅支持 CPU 和 GPU，而且还支持张量处理器（Tensor Processing Unit，TPU）。张量处理器是由 Google 在 2016 年开发的专门用于神经网络机器学习的处理器。事实上，张量处理器是 Google 专门为 TensorFlow 框架设计的。

虽然谷歌尚未将 TPU 推向市场，但是据报道，谷歌已将其应用于很多商业服务，如谷歌搜索、街景、谷歌相册和谷歌翻译，并报告了重大改进。谷歌进行的一项详细研究表明，TPU 的单位性能比当前的 CPU 和 GPU 高 30 到 80 倍。

如果 Google 将张量处理器商业化，那么在不久的将来，这一独特的特性可能会让 TensorFlow 领先于其他可选框架。

TensorFlow 另一个有趣的特性是它的可视化模块 TensorBoard。实现深度神经网络是一项复杂而令人困惑的任务。TensorBoard 是一个 Web 应用，其中包含一些可视化网络图和绘制定量网络指标的工具。它可以帮助用户更好地了解训练过程中发生的事情，调试可能出现的问题。

4. Theano

2007 年，蒙特利尔大学的深度学习小组开发了 Theano Python 库的初始版本（http://deeplearning.net/software/theano）。这个版本定义、优化、评估了 CPU 或 GPU 平台上包含多维数组或张量的数学表达式。Theano 是最早的深度学习框架之一，后来成了 TensorFlow 开发人员的灵感来源。Theano 和 TensorFlow 采用了类似的过程，其中典型的实现包括两个部分。第一部分通过定义网络变量和要对其执行的操作来构建计算图。第二部分运行这个计算图（在 Theano 中将图编译为函数，在 TensorFlow 中创建会话）。在这些库中，用户通过提供一些即使是编程初学者也可以理解的简单符号语法来定义网络结构。库会自动生成合适的 C（用于 CPU 处理）或者 CUDA（用于 GPU 处理）代码来实现所定义的网络。因此，没有 C 或 CUDA 编程知识和对 Python 知之甚少的用户都能够有效地设计和实现深度学习网络。

虽然 Theano 的可视化功能无法与 TensorBoard 媲美，但是 Theano 也包含一些用于可视化计算图以及绘制网络性能指标的内置函数。

6.3 认知计算

技术进化方式正在显著增长。过去需要几十年才能完成的事情现在只需要几个月就可以完成。过去我们只能在科幻电影中看到的事情正在一个接一个地变成现实。因此，可以肯定地说，在未来的十年或二十年中，技术进步将以一种极为激动人心的方式改变人们的生活、学习和工作方式。人与技术之间的互动将变得直观，甚至透明。认知计算将在这一转变中发挥重要作用。认知计算基本上是指计算系统使用数学模型来模拟（或者部分模拟）人的认知过程，以便找到复杂问题和情况的解决方案，而这些问题和情况的潜在答案可能并不精确。虽然"认知计算"一词经常与人工智能和智能搜索引擎互换使用，但是这个词本身与 IBM 的认知计算系统 Watson 及其在电视节目《危险边缘！》中的成功密切相关。有关 Watson 在《危险边缘！》上取得的成功的详细信息见第 1 章。

据认知计算联盟（https://cognitivecomputingconsortium.com/）称，认知计算使某类新的问题变得可计算。它处理具有模糊性和不确定性的高度复杂的情况。换言之，它处理的是那些被认为需要由人类的智慧和创造力解决的问题。在当前动态、信息丰富且不稳定的情况下，数据往往会频繁变化，而且经常是相互冲突的。用户的目标会随着他们的所知变得更多而变化。用户还会重新定义他们的目标。为了应对用户对问题理解的不确定性，认知计算系统不仅整合了信息源，而且还整合了影响、上下文和洞见。为此，系统通常需要权衡相互矛盾的证据，给出最佳（而不是正确）的答案。图 6.10 所示的是认知计算的通用框架，其中数据和人工智能技术被用于解决复杂的现实世界问题。

6.3.1 认知计算是如何工作的

顾名思义，认知计算的工作方式很像人的思维过程、推理机制和认知系统。这些先进的计算系统可以从各种信息源中查找和合成数据，并权衡数据中固有的上下文和相互矛盾的证据，从而为给定问题提供可能的最佳答案。为了实现这一目标，认知系统包含了使用数据挖掘、模式识别、深度学习和自然语言处理来模仿人脑工作方式的自学习技术。

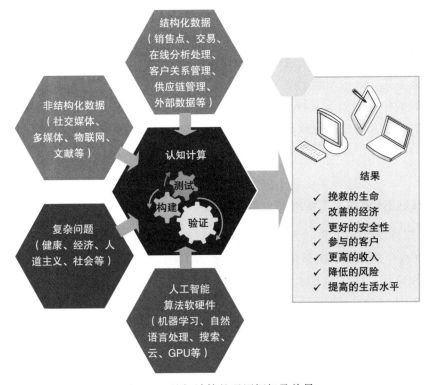

图 6.10 认知计算的通用框架及前景

在使用计算机系统解决通常需要人来处理的这类问题时，需要将大量结构化和非结构化数据输入机器学习算法。随着时间的推移，认知系统能够改进学习和识别模式的方式以及处理数据的方式，从而能够预测新问题，对其进行建模并提出可能的解决方案。

为了实现这些功能，认知计算系统必须具备认知计算联盟（https://cognitive-computingconsortium.com/）所定义的以下关键属性：

❑ **自适应性**。认知系统必须足够灵活，以便能够随着信息的变化和目标的发展而学习。系统必须能够实时消化动态数据并随着数据和环境的变化而调整。

- ❑ **交互性**。人机交互（Human—Computer Interaction，HCI）是认知系统的重要组成部分。用户必须能够与认知机器交互并随着需求的变化来定义他们的需求。这些技术还必须能够与其他处理器、设备和云平台进行交互。

- ❑ **迭代和陈述**。如果陈述的问题含糊不清或不完整，那么认知计算技术可以通过提出问题或提取更多数据来识别问题。系统通过维护有关先前发生的类似情况的信息来实现这一点。

- ❑ **上下文**。由于理解上下文在思维过程中至关重要，因此认知系统必须理解、识别和挖掘上下文数据，如语法、时间、位置、领域、要求以及特定用户的配置文件、任务或目标。它们可以利用结构化和非结构化数据以及视觉、听觉或传感器数据等多种信息源。

6.3.2 认知计算与人工智能有什么不同

"认知计算"经常与"人工智能"互换使用。人工智能是依靠数据和科学计算做出（或帮助做出）决策的技术的总称。但是，这两个词的主要差异在于它们的目的和应用。人工智能技术包括但不限于机器学习、神经计算、自然语言处理（NLP）以及最近的深度学习。在人工智能系统，特别是机器学习系统中，数据被输入算法以进行处理（称为"训练"的耗时的迭代过程），使系统能够"学习"变量以及变量之间的相互关系，得到关于给定复杂问题或情况的预测结果或特征。Alexa、谷歌 Home 和 Siri 等智能助手都是基于人工智能和认知计算的应用。表 6.2 所示的是认知计算和人工智能之间的简单比较（Reynolds & Feldman，2014；https://cognitivecomputingconsortium.com/）。

表 6.2　认知计算与人工智能（AI）

特征	认知计算	人工智能（AI）
使用的技术	・机器学习 ・自然语言处理 ・神经网络 ・深度学习 ・文本挖掘 ・情感分析	・机器学习 ・自然语言处理 ・神经网络 ・深度学习

（续）

特征	认知计算	人工智能（AI）
提供的功能	模拟人的思维过程，帮助人寻找复杂问题的解决方案	寻找数据源中的隐藏模式以识别问题并提供潜在解决方案
目的	增强人的能力	通过在某些情况下像人一样操作来使复杂处理自动化
行业	客户服务、营销、医疗保健、娱乐、服务业	制造业、金融、医疗保健、银行、证券、零售、政府

由表 6.2 可知，人工智能和认知计算之间的差异相当小。这是意料之中的，因为认知计算通常被描述为人工智能的一个子组件或者为特定目的量身定制的人工智能技术应用。二者使用了相似的技术，都应用于类似的细分行业和垂直领域。它们的主要区别是目的：认知计算旨在帮助人解决复杂问题，而人工智能则是将人的执行过程自动化。在极端情况下，人工智能正在力图用机器来代替人每次一个地完成需要"智能"的任务。

6.4　结论

毫无疑问，商业分析正处于显著的上升趋势。这些迹象表明，它在企业中的受欢迎程度和创新用例正在迅速发展，还没有接近饱和点。虽然无法确切地知道分析的未来会怎么样，但是可以推测未来是光明的。尽管描述它的词可能会变化，但是它存在的根本原因保持不变。本章介绍了商业分析中的一些最流行的新兴趋势。

近年来，大数据已成为数据分析的代名词。虽然没有普遍接受的定义，但是大数据的协同特性已得到广泛认可。大数据是由几个以字母"V"开头的单词（即数量、速度、真实性、可变性和价值主张）定义的。本章简要总结了什么是大数据以及它是如何改变商业决策的。

作为分析的未来视角的一部分，本章提供了深度学习和认知计算的概念和简要描述。作为应用人工智能和机器学习的新成员，深度学习（或深度神经网络）已经对解决很多领域中看似无法解决的问题产生了影响，尤其是在社交媒体驱动的营销和医疗领域。以 IBM Watson 在《危险边缘！》和后来 AlphaGO 在围棋比赛中的成功为例，认知计算和深度学习似乎正在为以智能机器的形式提供管理决策支持使人类变得更聪明的领先优势描绘一幅蓝图。

参考文献

Davenport, T. H. (2018). "From Analytics to Artificial Intelligence." *Journal of Business Analytics*, 1(2), 73–80.

Dean, J., and Ghemawat, S. (2004). "MapReduce: Simplified Data Processing on Large Clusters" at research.google.com/archive/mapreduce.html (accessed May 2014).

Denyer, S. (2018, January). "Beijing Bets on Facial Recognition in a Big Drive for Total Surveillance." *The Washington Post*. Retrieved from https://www.washingtonpost.com/news/world/wp/2018/01/07/feature/in-china-facial-recognition-is-sharp-end-of-a-drive-for-total-surveillance/?noredirect=on&utm_term=.e73091681b31

Goodfellow, I., Bengio, Y., & Courville, A. (2016). *Deep Learning*. Cambridge, MA: MIT Press.

Hochreiter, S., & Schmidhuber, J. (1997). "Long Short-term Memory." *Neural Computation*, 9(8), 1735–1780.

Issenberg, S. (2012). "Obama Does It Better" (from "Victory Lab: The New Science of Winning Campaigns"), *Slate*, October 29, 2012.

Jia, Y., Shelhamer, E., Donahue, J., Karayev, S., Long, J., Girshick, R., & Darrell, T. (2014, November). "Caffe: Convolutional Architecture for Fast Feature Embedding." In *Proceedings of the 22nd ACM International Conference on Multimedia* (pp. 675–678). ACM.

Krizhevsky, A., Sutskever, I., & Hinton, G. E. (2012). "Imagenet Classification with Deep Convolutional Neural Networks." In *Advances in Neural Information Processing Systems* (pp. 1097–1105).

Mozur, P. (2018). "Inside China's Dystopian Dreams: A.I., Shame and Lots of Cameras." *The New York Times*, June 8, 2018. https://www.nytimes.com/2018/07/08/business/china-surveillance-technology.html

Reynolds, H. & Feldman, S. (2014). "Cognitive computing: Beyond the hype" KMWorld. Jun 27, 2014, http://www.kmworld.com/Articles/News/News-Analysis/Cognitive-computing-Beyond-the-hype-97685.aspx.

Romano, L. (2012). "Obama's Data Advantage." *Politico*, June 9, 2012.

Rumelhart, David E., and James L. McClelland. (1986). "On Learning the Past Tenses of English Verbs." ERIC: 216–271.

Samuelson, D. A. (2013). "Analytics: Key to Obama's Victory." *ORMS Today*, an INFORMS publication, February 2013, 20–24.

Scherer, M. (2012). "Inside the Secret World of the Data Crunchers Who Helped Obama Win." *Time*, November 7, 2012.

Shen, G. (2013). "Big Data, Analytics and Elections." *INFORMS Analytics Magazine*, January–February 2013.

Watson, H., (2012). "The Requirements for Being an Analytics-Based Organization." *Business Intelligence Journal*, 17(2), 42–44.